中國花梨家具圖考

艾克 撰著

楊宗翰署耑

中國花梨家具圖考

CHINESE DOMESTIC
FURNITURE

中国花梨家具图考

〔德〕古斯塔夫·艾克   著
（Gustav Ecke）

周默   译

生活·讀書·新知 三联书店   生活書店出版有限公司

图书在版编目（CIP）数据

中国花梨家具图考 ／（德）古斯塔夫·艾克著；

周默译 . —北京：生活书店出版有限公司，2024.1

ISBN 978-7-80768-398-8

Ⅰ．①中… Ⅱ．①古… ②周… Ⅲ．①家具－研究－

中国－明代 Ⅳ．① TS666.204.8

中国国家版本馆 CIP 数据核字 (2023) 第 008017 号

教育部人文社会科学重点研究基地重大项目

"中国古代家具艺术发展及精神内涵研究"（项目号：22JJD720001）成果

责任编辑　欧阳帆

整体设计　崔　憶

责任印制　孙　明

出版发行　**生活書店** 出版有限公司

　　　　　（北京市东城区美术馆东街 22 号）

邮　　编　100010

经　　销　新华书店

印　　刷　北京启航东方印刷有限公司

版　　次　2024 年 1 月北京第 1 版

　　　　　2024 年 1 月北京第 1 次印刷

开　　本　889 毫米 ×1194 毫米　1/16　印张 19

字　　数　230 千字

印　　数　0,001—3,000 册

定　　价　228.00 元

（印装查询：010-64004884；邮购查询：010-84010542）

给我的教子

莱奥诺拉·克劳利达

古斯塔夫·艾克

（Gustav Ecke，1896—1971）

目 录

艾克家具经典著作价值的再发现

——写在《中国花梨家具图考》重译本出版之际

具是中国传统家具的典范，具有很高的艺术价值，凝聚着中国人独特的审美感受和文化情怀。长期以来人们对它缺少研究，甚至关注也不是很到了 1944 年艾克先生出版的《中国花梨家具图考》，才引起学界和收藏界意。1971 年收藏家安思远先生出版了《中国家具》，这本书也是以明式黄为主要研究对象的；再就是上世纪 80 年代王世襄先生接连出版的《明式》《明式家具研究》。从此，以明式家具为核心的中国家具研究进入一个辉建时，及至而今，它已然成为中国艺术研究的又一热门领域。

艾克这本《中国花梨家具图考》具有筚路蓝缕之功，是明式家具研究当之无愧的经典。艾克与上世纪上半叶研究中国雕塑、建筑、园林等的瑞典喜龙仁（Osvald Sirén，1879—1966）教授相似，他们是早期研究中国艺术的卓越西方学者。他们都有一定的宗教情愫，并受过西方艺术史的系统训练，是真正喜欢艺术并懂得艺术机微的人。喜龙仁在灰尘中发现了中国艺术无比瑰丽的世界。与喜龙仁一样，艾克开始来中国也是研究建筑的，曾出版过《泉州的双塔》（哈佛大学，1935），后来由砖石结构转而研究木建筑结构，进而扩展到家具领域。于家具一门，他开始是收藏，后来在极有情怀的中国学者杨耀先生（1902—1978）等的帮助下，将家具一件一件拆开，做精确测量，绘制成图纸，琢磨它的榫卯结构，端详它的线条内蕴，再还原到具体的生活场景，他在这过程中体验到令人沉醉的生命境界，进而沉迷其中几十年，一直到他离开这个世界。

艾克的这本书 1944 年是以英文形式在北京以珂罗版出版的，印得很少。王世襄先生的明代家具研究深受此书影响，很多中文读者是通过王先生的书了解艾克此书内容的。于是将此书翻译成中文，便成为行内有责任感的学者心中难以释怀的事。这本书中文翻译出版凝聚了几代学人的心血。杨耀先生 1963 年就请薛吟女士翻译此书，后来的动乱年月中，身在牛棚，他仍精心保存译稿和艾克书中所涉明式家具的测绘图纸，这批图纸被陈增弼先生称为"在中国家具研究史上第一次以科学的视图原理绘制的第一批图"。陈增弼先生（1933—2008）是明式家具领域的顶级专家，他是艾克此书译稿出版的组织者和推动者，没有他的努力，这本书不可能那么顺利出版。1991 年 11 月，在北京举行"首届明式家具研究国际学术研讨会"，并纪念明式家具学科奠基者艾克教授逝世 20 周年，这成为中国家具研究史上令人难忘的盛事。正如周默先生所说：这本书的"翻译与出版凝聚了许多前辈学者如杨耀及当今学者薛吟（译者）、曾佑和、陈增弼教授大量的心血与辛勤劳动，在明式家具的研究方面留下了不可磨灭的功绩"。

好书要更好地利用，更精准地把握。艾克此书的专业性强，牵涉大量的材料和家具专业术语，由于当时的条件和种种限制，译本出现一些明显值得商榷的问题。此书文字精简，内容深邃，有突出的凝聚性特征，普通读者要分享其中的内容殊为不易。职此之故，周默先生很早就和我谈起他想重译此书，并增加相关术语通释和导读内容等，让这本书真正变成爱好家具者的案头书。我知道他是胜任此一工作的最合适人选。

这不仅因为他的英文好，他更是当代中国家具研究的实力派学者。他的《木鉴》《木典》《紫檀》《黄花黎》等书早已享誉海内外，拥有广泛读者。10 多年来他又转入家具文献、家具史的研究，完成了《雍正家具十三年》（120 万字）、《乾隆家具六十年》（近 800 万字）的整理写作。近年来他受聘为北京大学美学与美育研究中心研究员，正在主持多卷本《中国古代家具艺术史》的撰写，这是教育部文科重点研究基地的重大项目。他在承担如此众多研究任务的同时，数年来一直在推敲重译艾克这部经典著作，为此他真是竭尽心力。

现在读者读到的此书，既是重译，又可以说是一部导读性作品。为了理解艾克书中的分析和涉及的家具实例，后附有周默先生重新整理的《家具名称及件号目录》以及他所撰写的《外文中国古代家具专业名词列表》等，还有内涵丰富的《中国古代家具部分专业名词简释》，这些内容是他在长期的研究和实地考察中形成的，具有很高的学术价值。他还撰写出《不知近水花先发——关于艾克及其〈中国花梨家具图考〉研究的几个问题》的长篇导读文字（请见附录），概括出艾克此书的学术贡献，是真正的行家之论，对把握艾克这部伟大作品很有帮助。

我觉得周默先生的重译和导读，是推动中国家具研究向专业化方向发展的重要成果。就像青铜器等学科的研究一样，发掘、释读、归纳分类，乃至术语的确立，凝聚成一些基本的学术共识，这是一种冷门学科专业化的必经路径。家具研究更是如此，木制的易损，匠作的随意，地域的分散，以及与人生活密不可分所带来的趣味差异等等，使得家具研究愈发具有难度，愈发需要专业性的理论支撑。材料的辨析，真伪的鉴定，时代风格的确立，类型的划分，家具组成因素的分析等等，就像庖丁解牛，需要细密而富有力量感的学术引领。艾克教授就是如此，他将一件件家具解体，看它的结构，看它的力学原理，斟酌器型的由来和历史沿革，朴实的话语中，藏着真知灼见。杨耀先生也是如此，他几乎是以生命来保护着他所系念的家具图片、测量尺寸的文献，他知道这对于家具研究的专业化非常重要。周默先生同样有这样的情怀，他在做着家具研究前辈所做的同样的工作——一代一代人的努力，眼看着中国家具研究渐渐向着科学化方向推进，关心这门学科的人真是倍觉欣然。

据我了解，周默先生是在组织编纂《中国古代家具艺术史》的过程中，重新发现艾克此书价值的。除了科学化之外，他知道家具的专业化研究还有一个更为重要的向度，就是家具的艺术和审美研究。科学与艺术，是专业化的两翼。就像我们面对一件明代黄花梨的上品家具，它不光是一种实用性用具，更是一件艺术品。艺术的眼光，美学的审视，是不可缺少的。周默先生之所以重视艾克教授的研究，在很大程度上是他发现，艾克先生在家具器型研究之外，在艺术和审美方面有卓越见解。

鲁迅先生与艾克（当时汉语名艾锷风）是朋友，他在给朋友的信中，说艾克"是研究美学的"（1926 年 11 月 22 日致陶元庆信）。美学，在艾克的思想中占有重要位置。他是一位懂艺术的美学家，具有一双艺术的慧眼。在那混乱年月中，在罕有人重视家具艺术价值时，他能发现家具独特的美感。他看出了数百年前的苏州工匠对木性的重视，对线条把握的不凡眼光，对立体比例的斟酌，对简洁风格的追求，对色彩的沉迷，他看出了实用性和审美性相兼容，是明代江南木作取得辉煌成就的基础。

人们都知道明式家具的质朴，他却在质朴外看出了灵动。他说："展现了中国设计师的含蓄，将个人审美和传统观念融合，既避免了过于简朴带来的单调乏味，也防止了滑入巴洛克式（baroque）雕琢华丽、繁琐的险境。"这真是内行之语。他抚弄一件自己收藏的明代黄花梨三足圆香几，发出了由衷的感叹："通过圆面浑成一体，已简化至只剩结构所必需的最少成分。细长的腿足拉长成 S 形曲线，并在最下端形成粗壮有力的马蹄足，与托泥用榫头接合。连续不断的弯腿曲线和 S 形曲线，加上壶门牙子，使其造型充满节奏与力量之美。这件灵巧自由、雅致纯净且形似荷花的作品在中国可谓尽善尽美，就连代表西方完美极致的庞贝铜座也不能与之媲美。"这样的论述与那种只见木作不见艺术或者不懂家具的夸夸其谈鉴赏相比，简直不可同日而语。

他为明代黄花梨家具的线条美而着迷，认为其中隐含了一种"曲线规则"（the curvilinear principle），并发现中国家具自六朝以来曲线演化的规律。瓷器怕方，木器怕圆。与直线相比，木作中的曲线难做，但却是给一件家具带来特别内蕴的关键。他以独到的眼光注意到一种名为"壶门"的曲线造型形式，他认为这是明式家具曲线美的卓越体现。在明式家具中，壶门式轮廓、壶门式券口牙子和壶门牙条、壶门式挡板等多用，优美的弧线，在端方稳重中拉出美丽如彩虹的样态，壶门为冷峻的器物融进柔性的力量，将灵动带进了直线统治的世界里。在我看来，壶门于中国家具的美学价值还可深入研究。壶门的线条就如绘画中的卷云皴，在静止中带来飘动。像案台、椅子等器物中的壶门式券口牙子，如同园林中的便面，框出一个活泼的世界。壶门还增加了明式家具的深邃感，如我们看一件条案，两端有壶门状券口式挡板，自其一端低目平视，如同打开一扇扇门窗，风云排闼而来。

这曲线的丝滑感，还带来了性灵的缱绻。放在幽静的空间里，安宁而肃穆，纯净而邃深。它不仅是给人看的，供你用的，还让你有肌肤与之摩挲的冲动。在艾克先生的这本书中，我读出了一种特别的"恋木情结"——他对木性的重视，给我留下深刻印象。木作连接着滋育它的大地，连接着浮荡其中的气场，连接着一个活泼的生命世界。艾克先生对花梨家具青眼有加，可能就与此有关。他注意到宋赵汝适《诸蕃志》中"树老仆湮没于土而腐，以熟脱者为上"的话，他说："这段文字使我们相信，可能是有意将木材置于泥土，使它通过天然潮化从而经历稳定材性、变化材色的醇化过程。这也许是多数古旧花梨家具具有令人愉悦的香味和浓郁的深色的缘由。"南宋赵希鹄《洞天清禄集》在谈古钟鼎彝器鉴赏时，也谈到类似的感受："古铜器入土年久，受土气深，以之养花，花色鲜明如枝头，开速而谢迟。或谢，则就瓶结实。若水秀，传世古则否。陶器入土千年亦然。"这一说法流传很广，成了后代养花、做盆景之人奉行的基本原则。不得土气的器皿，种树不活，花亦不香。得土气越多，花更妍，色更香，花期更长，果实也更丰硕。这是物性，物性中也昭示出人性。花要开在自然的土壤中，人要活在大化流衍的气息里。

赵希鹄等重视的是"土气"，艾克看重的是"木性"。这都本于中国家具所追求的自然古雅的美感理想。《周礼·考工记》说："天有时，地有气，材有美，工有巧，合此四者，然后可以为良。材美工巧，然而不良，则不时，不得地气也。"天时、地气、材美、工巧，四方面因素融合到理想状态，就能做出一件好东西来。很多黄花梨家具精品，可谓得天人之宠爱，膺有此四者。花梨木不软不硬，油性大，容易产生包浆。岁月的包浆，大自然之手抚慰的包浆，人喜欢它，肌肤摩挲它产生的包浆。沧桑，给它一种澄静；风尘，赐予它一席安宁；半透明包浆的光泽，诠释着中国人"光而不耀""明道若昧"的生命智慧。艾克先生谈到黄花梨家具的"黄"时说："花梨家具所用之木材，无论色之深浅，总被冠以'黄'字，这是描述所有花梨真品颜色的通用词。金光由里及表的色调，如同金箔反射，奇妙、明丽的光辉布满温润如玉的表面。"这幽夜之逸光，真是令人沉醉的光芒。

中国人有喜欢黯淡、不好张皇的趣味，如苔痕历历，曲径通幽，窗内窥明，微花弄影，过分的敞快、光亮，会产生炫惑的感觉，为人所不取。这在明式家具中有出神入化的体现。日本学者谷崎润一郎（1886—1965）在《阴翳礼赞》中说："中国有'手泽'一语，日本有'习臭'一语，长年累月，人手触摸，将一处磨亮了，体脂沁人，出现光泽。换句话说，就是手垢无疑……我们所喜好的'雅致'里含有几分不洁以及有碍健康的因子，这是无可否认的。西方人将污垢连根拔除，相反，东方人对此却加以保存，并原样美化之。说一句不服输的话，我们喜好那些带有人的污垢、油烟、风沙雨尘的东西，甚至挖空心思爱其色彩和光泽。而且一旦居于这样的建筑和其物质中，便会奇妙地感到心平气和，精神安然。"这明道若昧的黯淡，是人的安心之所。艾克先生也是这样看明式家具的:"其装饰含蓄,不矫揉造作,更彰显中国家具形式之活力与适用的本质。真性纯洁,刚柔相济,光洁无瑕,即是中国家具主要的审美趣向。"这是明式家具的不易之论。

艾克先生多次谈到明式家具的"高贵典雅"和"尊严"。他说:"在休闲之处,家具的安排比较自由随意,但其设计与装饰仍十分严谨,有着饱满流畅的线条及恰到好处的比例,这便是典型的中国工匠的第二天性。即使在深深的内室,木材、结构、尊严永远是第一位的,而舒适则只能居其次。"艾克看出了明式家具中对自然的归复,而不是剥夺。看到的是一种平等的觉慧,而不是霸凌式的宣示。高贵和尊严,来自于对生命平等的理解,对众生的爱恋,对材质的惜护,对自我融入其中的悦适。高贵,不是身份,而是来自对世界的体贴。高贵,更来自对家的呵护,对生生秩序的维护,一种绵延,一种融入,一种与有荣焉的圆满。看明式家具,如同读着一本中国文明的大书,诉说着人对生命的无声眷恋,心中起一种亲切,生命中生一份光华。无论是你的,或者不是你的,无论是过去的,还是现在的,它都是与你相关的,它说的是你心中的故事。

周默先生在本书的导读中说:"艾克的研究方法毋庸置疑是一个正确的、可行的途径,但依然只是一个引子,一个侧面。如果我们能将考古方法更多地引入家具研究中,以历代出土文物为依据,结合文献及岩画、壁画、同时代的绘画进行综合研究,也许能够勾勒出中国古代家具发展史清晰的脉络与图像。"我觉得他说的是对的,对他未来的研究充满着期待。

朱良志

2023 年 6 月 30 日于北京大学

致　谢

首先感谢在我写作有关中国家具一书时，帮助过我并提供信息与材料的所有人。二十年前，我在福建做田野考察，第一次看到精美的中国古典家具，便被深深吸引，这些高贵、雅致的家具在西方鲜为人知。多年后，我再次见到邓以蛰教授。他并不追随时尚，其北京家中却以明式玫瑰木家具布置。这也是我对这一研究课题重燃兴趣之缘由。

幸遇作为艺术家兼天才绘图员的杨耀先生，长于以线条语言表达中国家具独有的精神。感谢北京协和医学院院长亨利·S. 霍顿博士（Dr. Henry S. Houghton）让我阅读他关于家具所用木材的论文；美国贸易专员保罗·P. 斯坦因托夫先生（Mr. Paul P. Steintorf）为我提供了有关殖民地木材的信息；方氏纪念生物研究院院长胡先骕博士帮我为产于中国的木材做鉴定；德川生物研究院院长 H. 服部博士帮我检测一块明代家具的木材标本；北京辅仁大学的 W. 布罗厄尔博士（Dr. W. Bruell）对五金配件的分析。

希冀能向所有允许我拍照、测量其家具的朋友，致以我诚挚的谢意，其过程给他们带来了极大不便。他们的姓名将列入"家具名称及件号目录"之中。不过在此特别要提到罗伯特（Robert）和威廉·杜鲁门（William Drummond）先生，他们积极的兴趣与关怀，丰富充实了本书的收录及北京居民家中的陈设。

在英文版的校对中，得到了北京辅仁大学威廉·费利茨吉朋教授（Prof. William Fitzgibbom）的帮助，而参考书目的校对则得到阿且里斯·方先生（Mr. Achilles Fang）的支持。我希望他们能在这里发现我诚挚的谢意。杨宗翰教授亲笔题写中文书名，使本书首页流光溢彩。我非常感谢本书的出版人亨利·魏智先生（Mr. Henri Vetch），在艰辛困苦之中他给予我不懈帮助和鼓励。

最后，诚怀敬意感谢北京鲁班馆的师傅们，他们传授了不少实用技能和传统工艺。愿他们古老而高雅的手艺能在机械文明所带来的险境中永生。

古斯塔夫·艾克

1944 年 6 月于北京辅仁大学

图 1（XLII）

图版目录

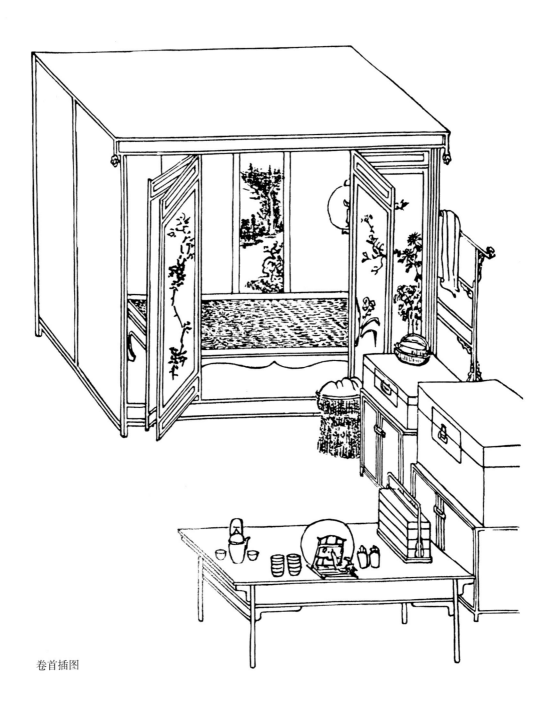

卷首插图

图 2（XXVII）

绪　论

简练到极致的朴素无华，稳固、大胆且
明快的形式直接传递出材料的内在品质，宣
告了远东美学的永恒美德。

勒内·格鲁塞

（甘肃新石器时代陶器，XVI[*]）

前　言

中国家具虽经历代风格之变化，直面正在消失的传统，但仍保有其大木梁架结
构特征和高贵典雅的印记。中国家具的表现方法，完全依据于中国厅堂（图 2）陈
设的对称性原则，这些方法应在中国文化形成的早期就已形成（VIII，XXVIII）。

这一特征在华美精致的雕刻和漆器（VI，XXXIII）上一样可以发现，但尤其
明显地表现在注重结构、讲究素朴的硬木家具上。本书的大量实例即为硬木家具。
我们以家具所用木材及传统形制为例证，以中国创新精神为引领，从而揭示其内
在之所以然。其装饰含蓄，不矫揉造作，更彰显中国家具形式之活力与适用的本质
（见卷首插图）。真性纯洁，刚柔相济，光洁无瑕，即是中国家具主要的审美趣向。

如此特质将会引起推崇安妮女王式（Queen Anne）和类似结构设计的西方装饰
设计师的兴趣。苏州工匠在木工实践中，已熟知木性、线条和立体比例关系，从而

---

[*]　全文中，括号内的罗马数字表示参考文献号。

可以找出中国家具制作的基本方法。在 18 世纪初叶，这些方法已变成了英国乌木工的灵感源泉，他们从中国学习和借鉴这些方法。

有关中国家具的历史文献汗牛充栋，除了文学作品的记录外，还有商代象形文字（公元前 12 世纪以前），商周青铜器（公元前 3 世纪以前），汉代遗址的实用家具残片（公元前 3 世纪至公元 3 世纪），中亚和黄河流域发掘出土的文物，须弥座，从汉到郎世宁与清帝国末期的石刻和绘画，特别是藏于日本奈良正仓院精美绝伦的唐代家具（7 至 8 世纪）。自古至今，家具的基本形制变化不大。以下简要勾勒中国家具的缘起和发展脉络。

箱式结构及其台式衍生物

早在安阳文化之前，中国便已结束了艺术荒芜的原始时期。从商的记载与同期的青铜器，我们可以得出结论，早期中国木器品质的完美程度并不逊于青铜制品，且更具古老传统。事实上，我们有理由相信，保存至今的两种主要家具式样，在商代便得到了完整的发展。

清末金石学家托忒克·端方收藏的青铜禁（图 3），制作于公元前 1300 年至公元前 1000 年之间，是箱式结构中首屈一指的例证。箱式结构是中国家具结构的两种主要形式之一。此禁恰如一件木器的金属复制品，长边一面有四块长方形板，由框架支撑；短边一面有两块，每块板上有两个矩形装饰性开光和可能与绘画相关联的浮雕装饰。不过此物的榫卯种类并不清楚。但周代中期的一件青铜器却模仿了带边框的门扇（XXIII），由此可以联想到典型的中国榫卯结合（榫卯 1、1a、11a，版 152、153），如龙凤榫、格肩榫、燕尾榫。考虑到商代青铜工匠的技术水平，便可猜测到中国木工很早便熟知格肩榫框架技术及其美学价值（XIV）。

可以想象此类箱式家具的尺寸可以多变，如做成矮桌、凳子和客厅中央的一张大桌。图 2 中榻的攒框与装板之造法及其礼仪位置延续了三千年直至清末。

自端方的青铜禁之始，两千年后可移动台式家具的造法仍未改变。图 4 为唐壶门式榻的复制品，它很清楚地表明了这一点，只是其装饰性的镂空图形可能在汉及其后的几个世纪创新而来。壶门，特别是唐代的，通过许多样品为人所熟悉。图 4 所示之形式为众多不同类型中的一种。有时，装板没有下半部分，立材在下端以逐渐延展变大的形如腿足的构件来完成。在唐朝或更早的例证中还可以看到更多的简化：底部边框的省略、角牙的融合等（图 10），但这并非普遍适用的法则。接下来的几个世纪，作为骨架完整的两部分，攒框装板造法一直作为标准而沿用。

　　约 9 世纪末，新的形式有所发展。如壶门之尖弧形有了改变，而双 S 形轮廓则未被遗忘。攒框与装板开始分离，但这一形式在原则上被保留下来。装板的下部永远消逝了，上部成为一种往上缩进的呈 V 形的牙板。每块板连接处的立材（如腿足底端）则塑造成高翘的卷叶纹和带锐角的云头。图 5 正是显示这种形式的卧榻。此图描绘了宋徽宗所拥有的模仿早期原物的一张榻，原物可能制作于 10 世纪初。这一器物精心的设计带有一种混搭的风格，它代表了后来可移动台式家具发展过程中一种形式的嬗变。

　　图 6 即揭示了这一最终变化的初始迹象，两部分分离的结构（框架与装板）已完全放弃，框架与装板的融合使结构浑然一体，四个腿足由成直角的窄条组成，即原板下端的剩余部分所为。腿足外侧呈直线，内侧保留装板镂空部分留下的曲线，牙板壶门两侧 S 形曲线与腿足窄板连接，腿足底部逐渐展开成外凸带尖角的翼状云头。这一造型盛行于 13 至 14 世纪（见图 24 的脚踏）。在漆家具、古玩和铜器带有雕饰的底座上，这一形式仍沿用至今。

　　发展到这个阶段，早先的两部分结构仅剩托泥。它在家具结构及稳定性维护方面仍具有重要作用。家具的整体结构较之以前更需要它来增加强度，并以此来避免

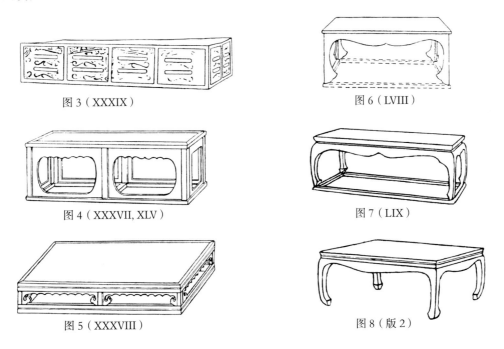

图 3（XXXIX）

图 6（LVIII）

图 4（XXXVII, XLV）

图 7（LIX）

图 5（XXXVIII）

图 8（版 2）

石板地面的潮湿。在 15 世纪初，托泥仍在使用，此时的曲线窄板已演化为实心方腿。完全保持原样的这种家具已为稀见之物，因为托泥是家具最先受损或丢失的构件。

一件具有早期特征的架几（件 71，版 92）内有一圈口，即是独立的立面板的遗存。原来结构中外侧支撑框架的窄板（图 4）在这里已变成结实牢固的方腿。有可能这种结构曾用于家具转型期，以加强较大形制的榻之骨架（图 5）。

图 7 为一件明初式样的日本家具，可表明实腿最后是如何演变而来的。托泥仍被保留，台式结构本身通过两片窄板融合成坚实的方腿而得到进一步的整合和加强。腿足由虚向实变化最显著的特征即在足部保留尖角云头，这一成果即中国木工所称的马蹄（版 1）。自明早期以来，马蹄一直是为方腿所专享的代名词，但随着艺术风气的衰败，马蹄似乎消失而以较弱的拐子纹表示（件 19，版 25）。本书件 27 和件 28（版 40），或件 72 和件 73（版 94）充分展示了马蹄足本有的生气，及至 18 世纪末是如何被弱化的模样。件 19（见 XLVII 及多处）式样的拐子纹，此时几乎全部替代了原来的马蹄。一个十分令人沮丧的例子是本书件 7（版 8），方桌原具大壮之美，近来将其高度锯短了 40 厘米，家具贩子将随意雕琢的碎小木头粘合在残败的旧腿上，以替代如件 10（版 11）一样健硕的原足。例件 14a 和件 14（版 17）表示了曲尺形腿足与坚实的马蹄足的对比，并再一次提示了榫卯连接的曲尺形薄板向方腿转变的过程。件 6、件 3a（版 18）和件 110（版 137）展示了西方马蹄足原始雏形的不同形式。

值得关注的是，这些形式在正常的演化过程中，曲线规则取得了最终的决定性地位。家具曲线本身起源于装板镂空部分的弯曲（图 4—6），最后主导整个家具的轮廓线（图 7、8）。原来依据攒框与装板造法（图 3—6），角的外缘为直线，随着马蹄足的进化，内外缘不断同化而变成顺畅、饱满的曲线（件 4，版 5）。这一点，

图 9（XLIII）

至少对于腿足的边缘确实如此。很难确定，在选用"蹄"这个名词时，是否存在对汉代风格中常见的一种腿足的记忆（见 L 之版 70，LIV 之版 48—59，LIII 卷 IX 之版 50，后者为唐代仿品）。这种腿足特征与中亚和希腊罗马也有密切关系（图 9），其三弯腿曲线甚至与新石器时代礼器的形制有关联。在这方面，古代西方马蹄足雏形与中国较晚的马蹄足形式结合，衍生出"鹿

蹄形弯腿"。这一别致的曲线吸引了英国画家、雕刻家荷加斯（Hogarth）的美学猜想。件3（版3）和件3a（版18）炕几腿近似图9的汉代样式，但比例缩小了。日本的桌子受到宋或更早影响，仍然保留纤细柔美的三弯腿（LI之版90）。制作于约1600年的件111（版139）楠木五足圆香几，其腿与上述三弯腿如出一辙，这一腿足形式几乎被法国家具工艺师布尔（Boulle）和他同时代的其他大师照搬到西方。

中国古典家具曲线问题的解决，可以从件110（版137）三足圆香几中找到答案，此器可能于15世纪设计制作。三足圆香几，通过圆面浑成一体，已简化至只剩结构所需的最少成分。细长的腿足拉长成S形曲线，并在最下端形成粗壮有力的马蹄足，与托泥用榫头接合（版138）。连续不断的弯腿曲线和S形曲线，加上壶门牙子，使其造型充满节奏与力量之美。这件灵巧自由、雅致纯净且形似荷花的作品在中国可谓尽善尽美，就连代表西方完美极致的庞贝铜座（XIII中之图25及24）也不能与之媲美。

我们现在再回到长方形家具的设计，这是箱式结构演变的最终形式。此处托泥亦未被完全舍弃，特别是在小的装饰性器物中，或为了保持器物的稳定性而不可或缺时，托泥被保留下来（件29，版41）。然而，在桌、榻之中，越来越看不到作为最后标志的攒框装板造法所采用的托泥。这就要求结构必须更加简化，工匠的技艺更加高超、娴熟。件1（版2）和件15（版19）即为此所达到的成就。箱式结构，一种崭新的、独立的家具形式已经生成，只有当我们追踪其起源时（图3—8）才会想到金石学家端方的青铜禁。

炕桌1的雅致常使人回眸，此器将紫檀木的韧性发挥到了极致，尤其是优美的曲线和精准的比例，已臻至完美无瑕的境界。弯曲如弓的桌腿、张开似爪的足部、外凸膨鼓的轮廓、光滑如镜的几面、中间分隔的高束腰，其设计表明对形式的和谐之美及材性的完全把握，已达到十分熟稔的程度。而这些在以攒框装板构成的早期箱式家具（图3）中则找不到踪影。

卧榻15（卷首插图），应与其近似的即图2中的榻相比较，榻一直作为房屋构造的主要部分而陈设，并保持原有的攒框装板造法不变。卧榻在历经了两千五百年的演化后，现在已成为室内陈设中必不可少的一部分。

版1以实际尺寸展示此器结构之足部。照片展示了黄花梨的特质，即其花纹、韧性，以及如何在榻足的固有功能中与其外形、体量协调和美。

不可理解的是，如此素朴、自足的完美卧榻，为何还要增加正面围子和侧面围子呢？不过，经过一段时间的尝试后（图24），中国的台式结构与外来的栏杆进行组合，产生了意想不到的和谐结果（件16，版20）。椅子的设计也遇到同样的问题并十分顺利地得以解决（IX及多处）。

在卧榻围子和架子床的格子上，饰有中国建筑学者所熟知的各种纹饰。在明早期的家具中，我们可以看到方格、万字纹和其他简单图案。这些纹饰已收入 D. S. 达埃教授（Prof. D. S. Dye）所著《格子细木工入门》（VII）一书。除了靠墙的一面，黄花梨木格子椽条常常轻轻打洼，而不同质地的木材，可能优先选择混面线脚（件20，版26）。版37、38和版153中的榫卯12系普通常用的攒接榫方法。

用两张三面围子罗汉床做比较，更有助于我们清晰地了解历代审美情趣的发展与转变。件21（版27）黄花梨三屏风独板围子罗汉床的直线条在明早期（参考件6）就已广泛流行。罗汉床腿足内卷以加强其力量，大花纹的独板围子，如意云头形的金属配件，以及完美无瑕的线条比例，使这一罗汉床成为上流社会家庭陈设中最具代表性的示例。

件22（版28）五屏风罗汉床也是一件令人印象极为深刻的重器。但是与前一件罗汉床比较，过度的设计使其显得笨重，不连贯的水平线阻断了其本有的流畅、明晰，粗壮的腿足并未取得大气、雄浑的效果。床体下部与床的座面之间采用双束腰，其形式接近件73（版94）红木杌凳，腿足及线脚近似冰箱（件29，版41）的底座。它与香几（件5，版6）属于较晚时期的同一类家具。它们代表乾嘉时期直至清末的家具风格。故推测件21黄花梨有束腰三屏风独板围子罗汉床与件22五屏风罗汉床相距约300年或400年是比较合理的。

收藏于伦敦的东晋画家顾恺之《女史箴图》摹本中有早期架子床的式样（公元4世纪），并被经常复制（LIV之图30）。其他例子可在敦煌壁画中见到。图10所示，是鲜为人知的山西太原天龙山石刻中的六朝（公元6世纪）式样。它是一张四柱床，床与罩盖自然分开，似乎预示明代架子床（件23，版29）的

图10（XV）

12

简约设计。件 26（版 39）的拔步床再次显示了早期花梨家具的素朴庄严，完全是不折不扣的带有浅廊的小屋。

随着佛教的传入，中国人逐渐习惯了西方人的坐姿。席地而坐时代的矮桌形式仍然存在，但又出现了一种式样、用途类似于欧式的新桌子。有图为证，进入宋元时期，这些高家具仍带有托泥。香几 6，可能是明初之物，它仍带有完整的托泥，应为特殊场所使用的香几。

架几复杂而精湛的工艺是中国工匠灵感与智慧的结晶。通过几乎不易察觉的向下收缩，腿足微微外挓（版 7）而止于托泥，马蹄通过一种巧妙的榫卯锁住托泥（榫卯 20a，版 154）。腿与面的接合方式，创造了一种新的构造方式。早期的插图画有曲栅足翘头案的两侧直栅如何在案面处折弯以支撑案子。图 17 即取自唐画[1]，图中极为准确、清晰地画出了一张几[2]的形状。不知元明时期是否还存在这种曲栅足案。但这种支撑方法看来已变成一种支撑案面方法的创新。果真如此，则霸王枨（件 7，版 8）是由早期的侧面曲栅足（图 17）演变而来。霸王枨钩住桌面的穿带（榫卯 18a，版 154），如图 17 的"Z"中。但它们并不将压力直接传到托子上，而是将其分散传递到肩以下与之连接的由榫头楔牢的曲栅足（榫卯 19、19a，版 154），从而有效地缓解了抱肩榫的压力（榫卯 3，版 152）。正方形或接近正方形的桌子，如件 6 和件 7，四根霸王枨延伸交集于中间穿带的中心点，则可采用宝盖结构（版 7、8；榫卯 18、18a，版 154）。这样可使桌面更安全，同时也罩盖了霸王枨交会点之端头，使得整体设计和谐一致（版 8 下）。这一形式让人们联想到木制藻井（XXVI）。将霸王枨和托泥结合在一起，其结果则是形成一种赋有活力而又稳固的复合结构。这一结构在家具制作中始终是独特的。例 8—11（版 9—12）为无托泥的大型家具，例 12 和 13（版 13、14）为改良的侧面角牙。

炕几的马蹄有时会做成如榫头终端的形式，应为托泥古怪的残余，主要是保证几腿能稳定地置于榻垫之上（件 3a，版 18）。

尝试不用牢固的托泥，则导入了大木作中的横梁。我们复制了一张春凳（件 4，版 5）作为早期作品的例证。小的长方形香几，经后来的改良创新，将托泥升至腿

1　译注：应为〔唐〕王维的《伏生授经图》。

2　译注：原著为"几"，应为"案"。

足的上部，使之成为管脚枨，如版6的件5和版91的件70。把有束腰霸王枨且带托泥的长方香几与件5置于同一版面，就是为了将生动有力的明式家具与年代较晚的经过改良的家具进行比较。

为了家具的简洁、流畅，有时会将其起加固作用的构件舍弃。四面平琴桌（件14，版15）是一件了不起的杰作，桌腿长而纤细，但作为琴桌已足够牢固。其设计理念朴素平和，让我们又想到端方的青铜禁，只是台面被提高，并且百代之后人们的审美情趣也有较大的改变与提升。

然而，这种结构的过度简化，总使人担忧其安全稳定性。适合用金属铸造的似乎是此类设计，而不是古代的攒框装板组合的"禁"（图3）。

轭架结构和同类的台式家具

架，如图11所示，是中国大木梁架结构中的主要元素，通常向外扩张而形成挓度，这是木结构建筑的基本法则和可移动家具最基础的种类。直至今日，其结构形式仍然保持古朴的风貌而从未改变。图12的商画表示一件可能制于19世纪的门形箭架，自然没有搭脑和带挓度的腿。藏于日本正仓院的一件唐代衣架（图11与卷首插图，及件121、122，版146、147）近似于中国现代的栏栅（栅栏）门或日本神社前的鸟居（IX之第40页），也与明初的带挓度的条桌件30（图14）相仿。春凳（件42，版56）的圆腿稳固地支于地面，如同商代象形文字所示之古床。下面将要讨论的带挓度的橱柜也颇具古意。

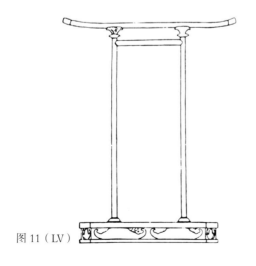

图11（LV）

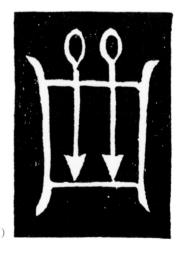

图12（XXII）

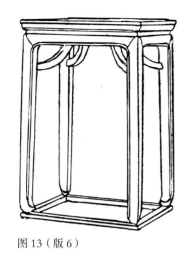

图 13（版 6）

图 14（版 42）

所有轭架结构家具的主要特征是其上部。立材成对设计，组成桌或凳的下部结构，正面及侧面均带挓度；立面及侧面两根直材用横枨连接，其轭架作为纵向边框与面板结合，再加上大木结构原本有的牙板（榫卯 7、8，版 152）。

横枨穿过腿足（图 14）或仅用榫卯接合。在大多数有挓度的桌案（凳）结构中，此类横枨均已省略。当看到有横枨时，便可知这是一种较早的、与大木作紧密关联的设计。腿足之形式经过长期的发展，并不一定呈圆形，不过其重要特征不会改变：为了稳固，腿足会有挓度；轭架形式以及相关联的枨子。比较件 6（图 13）和件 30（图 14），可以找出两种主要结构形式之间的差异：一种是带托泥的箱式结构，另一种是不带托泥的有挓度的轭形桌案（凳）。

无论如何标准化，腿足和横枨结构特征与箱式结构设计的曲线发展一样始终处在变化的过程之中。将件 30（版 42）和件 37（版 48、49）一一加以观察，使人了解到一件古式家具在结构设计的限度内，是如何达到如此优雅的程度的。件 36（版 46、47）和件 40（版 51—53）均为经典之作，其一构造简约和谐，其一形式壮美，轮廓线赋有韵律，细微之处做足功夫而显得活泼泼的。

在这一组有挓度的桌案中，给人印象最深的也许是鸡翅木[1]夹头榫大画案（件 41，版 55）。它的力度在木材利用和组合方式两方面均非同寻常。它采用传统制式，且与所用木材的自然属性浑然为一，凸显高贵、庄严。在家具设计中，像这些带有挓度的桌腿所显示出的承载与支撑功能，并非经常可以清晰地看到。其腿足好似受极大的外部压力而向外伸展（参考版 79），造型的严格苛刻因其绝妙合理的比例而被淡化、缓解。

---

1 译注：王世襄认为应为"铁力木"，实为格木。详解请见本书第 281—282 页。

为了再次说明轭式结构的渊源，增加一幅公元前3世纪的带挓度的小青铜十字纹俎图（图15）。俎板面下凹，形式与中国至今仍在使用的小板凳或枕头类似。

图15（XLVIII）

与大木梁架结构之精巧密切相关的是劈料家具，可能同样历史悠久，但其与大木梁架结构的联系并不明显。将版43中的件31和件46放在一起观察，便可看出二者之异同。劈料家具面板平滑外突，而条凳面板两端悬挑。件46（版43上）即用黄花梨造出劈料结构。紫檀琴桌（件44，版58）也仿照了另一相关式样。劈料家具的设计必须忠实于材质的自然属性，如件46和件44（劈料，腿足仿竹节），均贡献了典型的桌子式样。例47、48、49（版63、64、65上）均从例46衍生而出，更具有日常性和普遍性的特征。而例44所代表的式样，对原型作品有所启发。在其衍生品中，劈料形式的边抹已由类似的源于箱式结构所派生的冰盘沿式样所取代，尽管不太标准。琴桌45的线脚与结构组合，仍源于劈料家具原型，但更显自由而无羁绊（版59—62）。例51黄花梨画案采用从箱式结构衍生出来的桌案之方腿，并以攒牙子代替原来的牙头（版67），直线条占主导地位（版68），结构已高度一体化。与此同时，线脚与细微之处均十分雅致。束腰、横枨和矮老及打洼的边抹所带来的阴阳之变，使这件不同凡响的作品产生了几何形式之美（版66；参考版65下和版127、132）。

黄花梨琴桌45和黄花梨画案51，展现了中国设计师的含蓄，将个人审美和传统观念融合，既避免了过于简朴带来的单调乏味，也防止了滑入巴洛克式（baroque）雕琢华丽、繁琐的险境。

另一方面，越传统的桌案，更具简洁明快的优点。件52、53和54（版69—71）为同一类型，流行于北方地区并为人熟知，它们均有圆腿，属于大木梁架结构类型，又因其他特征被归入轭架类和劈料家具类。此类式样独特之处在于采用斜角牙子，用以支撑平滑突出的边抹，在牙板之下加一粗壮有力的罗锅枨，凸显了牙板的起伏轮廓。版70黄花梨大理石面书案显示了这种古朴结构的生命力。

板式组合

本节包含三组不同的桌案。

第一组的祖先即现代汉字"几"的商代象形文字，如斜躺着的人所用凭几或是置于地面或榻上的矮桌。图16中商或周朝早期的青铜蝉纹俎，代表古代的一种结构：一块板置于两块简单的侧板上。这一组合已延续几千年。从禹之鼎（约1700年）的画中可以见到一件后来经过改良，但仍具明式风格的家具。画中一学者盘腿坐于席上，几（LII）置于旁。这一板足条几被当作琴几（件60，版75），并已升至坐姿高度，既无吊头，也无托子。板足椭圆形开光，云头、皮条线、阳线均保持早期典型的含蓄、规矩的设计风格（版77、78）。

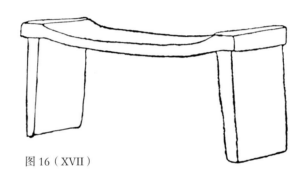

图 16（XVII）

第二组，包括件61—68，从原始式样衍生而来，至今仍在普遍使用，即腿带挓度的条凳（参考图15），面板可拆卸。其固定的结构，似乎是模仿如轵架桌形式的桌案，台面两端外延，侧板垂直，偶尔为了美观而稍留有挓度（版85）。在所示的不同板式桌案中，有些带有令人惊叹的装饰，如向外挓的腿足（版79）、玲珑的透雕（版82）和秀美的花板（版81）。

值得关注的是翘头（版79右上）。这种翘头几乎以完全相同的形式被采用在朝鲜出土的（版79左上）一件汉代桌盘（L之版56）上和一幅唐画（图17）中。带挓度的桌案和立柜的面板（榫卯9，版152）都有翘头。翘头不仅具有审美价值，也具有实用价值。

无论带或不带翘头，条案至今仍在许多家庭中使用。件68（版89）是一件出色且面板光素的平头案，可能于乾隆年间设计制作。它用宽大的灰色文竹贴面，起红木阳线。稍后再介绍这件贴文竹平头案。

条案的另一祖先即已知的汉代（LIV之版70—73，图27—29；L之版71）至唐代（图17）使用的古老的板式案。其带直栅的简化形式一直沿用至宋代。直至今日，日本仍保留后一种形式的曲栅案子。

前面已经讨论过早期类型侧面托架式直栅的特征。栅的截面，无论是圆的还是矩形的，总是与托子榫接并钉牢在桌面下的穿带上（Z，图17）。例59（版74下），炕几侧面开光，可能是从古老的原型简化而来。例58（版74上）炕几的比例和翘头同样也是从现在已很稀见的中国设计中派生而来。

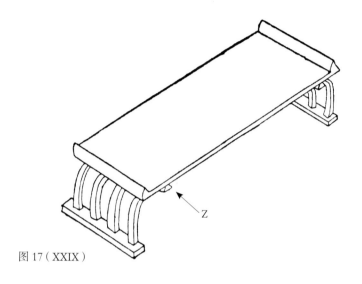

图17（XXIX）

完整的带有可拆卸案面的架几案很少见（件69、70，版90、91）。这种案面须采用无缺陷的和经过窑干的木材，因为无论楔钉还是穿带均不能保证案面不会翘曲。坚实的厚板是极为名贵、珍稀的木材，当木材库存耗尽后，便将这些厚板继续用于新的家具制作。

件71（版92）是一单件架几，很可能源于明初。从其型来看，有时也可用作茶几。方几永恒之美，入眼即明。它与带底座圆香几110、瓜棱墩112、架子120（版137、141、145）一起证明了中国细木工在矩形和曲线形家具中可以达到的完美程度。正如在大木作设计中，高妙设计的必要条件是严格的轴线对称。

椅

机凳 72、73（版 94），74、75（版 95），76、77（版 97）分别与攒框装板造法、大木梁架造法、劈料或仿竹造法有必然联系，代表从早期中国细木工继承下来的三类座椅的设计样式。

如同唐代李真所作不空金刚的画像（XVIII）所示，用于单人下跪或盘腿的垫子原本为方形，尺寸较大。当然，在佛教最初传入中国的几百年间，西式坐法比较普及，带或不带扶手的靠背板便与传统的中国结构结合起来。随着印度—中亚的靠背扶手椅全部加以改良以适应中国建筑风格（IX 之第 40 页以下），这样简朴的中国椅子也有了发展，它应用并融合了上述三种凳子的形制。

看来从一开始便存在两种不同的主要改良方法：一种（图 18）把建筑中的柱头设计为椅子垂直的靠背，也是按传统的中国轺架形式设计，与印度轺架设计（图 11）近似；另外一种（图 19）将印度或印度—中亚的圆形扶手椅变化为中国风格。

靠背板是改良后中国椅子的特殊特征，在最早的实例（图 20），一件约公元 1100 年的宋代家具中已获充分发展（见 IX 之注 25）。其结构方法非常明晰，靠背板取代了原先轺架结构中很不舒服且很不牢固的横枨。从图 18，可见发明椅背中央垂直木板的第一步，必是连接搭脑与椅座大边的两根平行的竖杆，其间有弹性的藤，编织成斜网格而形成靠背板（版 93 上）。因此，在新椅背的轺架中，水平横枨被一竖向的藤编网格取代，至终又为实心的靠背板所取代。

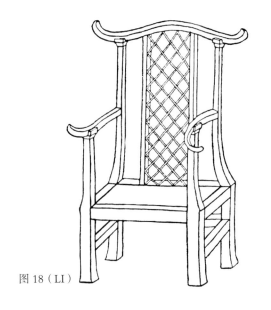

图 18（LI）

图 19（XLIV）

早在西班牙菲利普二世时期，一款带靠背板和搭脑的中国交椅（图21）便已流入西方。当时无人仿制，但一百多年后，实心木靠背板成为时尚，主导了欧洲椅子的风格。欧洲靠背板纹饰图案、式样的发展和后来的精心制作，为研究艺术史的学者所熟悉。在中国，靠背板大多数情况下仍保持简朴的正面轮廓，但在侧影的曲线（版99、101、108）和木材自然的颜色与纹理（件80，版102）方面有极为重要的美学价值。有时，靠背板的正面外形并未改变，但其上部常设有圆形开光，下部则有狭长的亮脚，中心部分以一块长方形瘿木点缀（件79，版100）。靠背板上部也会雕刻寿字纹或别的纹饰，两侧凸出的牙板饰以齿形，这是中国靠背板正面轮廓上采用过的唯一装饰图案（件87，版107；见图21）。

件78是一把简朴而又典型的带有靠背板和搭脑的灯挂椅（版98、99），这一较普遍的形式多为家庭日用，已稍微改动，至今仍在制作。搭脑两端采用两条扁平的S形曲线，强调了搭脑的凹入部分，形似挑夫的扁担。靠背板两边是两根后腿，对照靠背板的弯曲随形而设，弯曲的后腿一木连做，与靠背板一样由整木挖成。从座面下方三个主要侧面可以看到所加的罗锅枨，罗锅枨通过矮老与牙板接合。座面框架用一素牙板在后面支撑，前面下部横档已变成扁平的踏脚枨，并与侧面枨子一样用一牙板固定。座面高度，同大多数中国椅子和罗汉床一样，在48厘米至52厘米之间变化，可能会使用独设的脚踏。脚踏可使双脚免受地面的潮湿。

藤屉的构造同本书所描述的所有藤编的榻、床、杌凳、凳和椅相同。原先的藤

图20（Ⅸ）

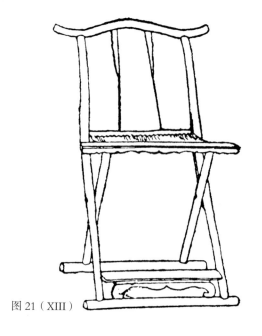

图21（ⅩⅢ）

编能保留下来的只有很少的几件。所拍摄的黄花梨机凳 77 的座面已经历两个连续的修复阶段。版 93 照片及榫卯细部 26、27（版 154）将有助于说明藤屉的测绘图。

霍莫尔博士（Dr. R. P. Hommel）在其《中国制作》（又译《手艺中国》）一书中（XX 之第 312 页）论及网格编织的基本形式称："一层由棕绳交叉编织，并用同样的方法如藤椅面一样沿着边上一排左右错开的小孔，捆缚在木框的每一条边上。"在更精致的座椅结构中，藤屉上置一和西方椅子纹饰近似的藤垫。藤皮和棕绳穿过相同的小孔（T）系牢在框架之下，用木梢嵌入孔中固定，然后用一薄压边条（L）遮住这些边孔。压边用销钉固定（U），结实的弯带（V），凹形或弯曲的，用榫头楔入座框，以保证整个器物的牢固与安全。这种藤屉与西方藤屉一样舒适与坚实。究竟是西班牙人还是荷兰人将中国藤编技术带入欧洲，这一问题有待研究。

靠背椅 79 与琴桌 60 相关联。它们不只有金黄色黄花梨的光泽，而且也都有严谨适度的风格，反映了过去中国家庭内部装饰与陈设的一些基本特征。这两件家具有可能被设想为禹之鼎所画文人家庭的一部分（LII）。比尔茨莱（Beardsley）和莫里斯（Morris）会比谢利登（Shareton）更钟爱如此简化的设计。南官帽扶手椅 81（版 103），简约至极，同样不失为一件具有魅力的作品。它代表了另外一种极为常见的家用椅子。这一设计严密的靠背曾是西方靠背椅椅圈的模范（件 82—84，版 104、105）。

图 19 所示壮硕的圆形椅圈（可能是一般木匠所为而不是由细木工所做），逐渐转向更轻巧和富有艺术灵感的形式。在明初或更早，便已达到结构和谐的极致。靠背与扶手的弧形组合，通过榫头接合（即弧形弯材接合，用楔钉榫加固，22、22a、22b，版 154），形成一个连续的弓形椅圈，通常扶手端头向外转曲和以云头结束。目前这种弓形椅圈多从后往前倾斜，已取代被放弃的搭脑（图 19），椅圈由后足、联帮棍及带牙子的鹅脖支撑。寿字纹圈椅 87（版 107），椅圈弯背中有丰富的线条语言：倾斜的、发散的、收敛的，产生优雅、高贵的效果。前足角牙饰双云头，庄严中露出诙谐。

霍莫尔在他的书中（XX 之第 309 页）曾讨论过与件 88、89（版 110）关联的竹椅。这一形制引起了西方学者的兴趣，亚当（Adam）在为克莱顿别墅（Claydon House）装饰一间卧室时曾使用过这类椅子——这是中国日用家具引入欧洲家庭的第一实例（XXX）。

腿足带挓的柜子及其相关设计

图22的商代象形文字可能代表一种最早的高足橱柜，既无挓度，也无门扇，在底格板上置一礼器。泰国细木工改良了中国式样，也有可能保留了稀见的中国橱柜式样。他们将柜帮，不包括直根，延出柜顶作为装饰（V）。在中国，类似于这种的外延部分和装饰性顶盖，在比较讲究的大门及店铺正面的柱子上仍然可以看到（XXV之版6）。现存的中

图22（X）

国带挓的柜子，虽无这种向上的延伸部分，但仍不失古意。形式之简约素朴，结构之生气远出，便是典型的中国创作。圆角柜主体的构造方法（版115）同带挓度的桌子并无不同。侧面横根取消了，增加了牙板。牙板通常笔直，如在带挓的桌子中所见。底足的牙头偶尔会采用古代攒框装板结构中开光纹饰的式样（版113，见版11和图6、24）。门扇如同房屋建筑一样，靠增加直材的延长部分（版116）为门轴而旋转。黄花梨圆角柜成簇的直材更予人以特别阳刚和生动的印象（版113）。

在这些柜子中有一个非常突出的例子，即黄花梨无柜膛圆角柜（件90，版111）。它有完美的结构设计和严格的组合方式，用尽巧思的腿足使其特色非凡，柜门心一木对开，漂亮的黄花梨大板恬静迷人。

件97（版118）所示之带挓的闷户橱（或称"门户橱"），实际上不过是只有面板、腿足的箱子而已，其原型不得而知，但可能与古代箱形容器相勾连。其实例藏于日本正仓院（LIII之卷IV的版26），在日本佛寺中常作为经柜。这一古老结构表明柜橱置于带挓度的几上，只要再加一块侧面突出的带牙子的案面，减少箱体宽度，再加上周围根子，便可得到我们所举两例中的高足柜。实际的纳物空间，无论如何改良，其搁板（版119，横截面）还是下沉。看来抽屉为原来箱式结构的后加部分，以便充分利用带横根的结构之中的空间。

立柜四面均需处理。这一点可能说明，这类家具器型的传统陈设位置使其背面、两侧如正面一样暴露在外。北京羊肉商人用未油漆的榆木制的同类带挓度的案子作为切肉案板（XXV之版24上）。门户橱名称之由来，据说源于切肉案板恰好占去了敞开的店面一半的面积（见LVI）。不过此名仅用于精致的花梨家具。在大多数家庭，一对这样的柜子常用作新娘嫁妆的一部分。

这种结构的柜橱，正面牙板中间为传统的壶门，牙头饰云纹卷角，中间加扇形装饰图案的分心花（版120）。抽屉脸胶粘同类纹饰作为装饰，其云头牙子由攒框装板结构的开光纹饰演化而来。有挓度的箱柜及相关的带抽屉的联二橱（件99，版122上），直至今日仍是最常见的日用家具之一。

方角柜

矮橱柜100（版122—124）有一简化了的骨架，其矩形主体素朴而几无装饰，正面框柱、横枨和抽屉以下的柜心板如刀切一般平直整齐；凹形的抽屉面采用落堂形式，山板及背板并不干扰整个立体的外观效果。

这一矩形体样式的来源非常清晰，是从商代象形文字"匸"所表示的最原始的橱柜演变而来。为了防止地面潮气侵蚀，橱柜置于如图4所示之底座上。正仓院还藏有这一组合形式的实例（LIII，卷VII之版19—21）。之后矮柜向上发展变高，变成了带门的立柜，可见于同样存于正仓院的一件唐朝早期实例（图23）。朝鲜至今仍在使用这种带底座的橱柜。下一步的融合，即将橱柜柜帮与底座柜帮连接延展而成腿足。最终形成的代表性家具框架，其两根枨子中仍留有原先复合性质的痕迹。两根枨子在件103四件柜的断面图中被标示为"中横档"和"下横档"（版130）。[1] 这也表明框体和底座原先是分离的。中横档仍提示原始橱柜的底格，下横档则代替了底座的枨子；框体与底座融合柜帮而延伸为新家具的腿足。

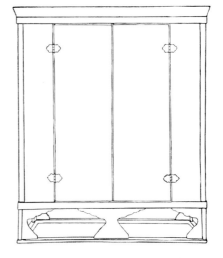

所增加的顶箱是原有组合性质的又一证明，顶箱成为四件柜的一部分（版125、126）。矮橱柜的柜帮直接延伸至足部（版122），因此有可能将顶箱转化成一矮橱柜或带抽屉的橱柜，主体增高即成方角柜（版131），其上还可以加一顶箱（版134）。所有这些柜子，现在只有一根枨子，一般底枨均装牙板。

图23（LIII）

1　译注：现"横档"多称"横枨"。

四件柜有一重要特征，即分以不同等级的尺寸标准，为每一个家庭无论平民还是贵族所必备。四件柜单独（版126）或并列（版125）陈设，在家庭陈设中均具有永久性的重要地位。它们是家中的百宝箱，巨大的挂锁使其更显气派（见XX之第295页）。故宫内还可以见到成组的四件柜沿墙整齐排列，顶箱成倍增加，有的一件上叠有三个矮柜，蔚为大观。

四件柜103（版127）是个特别有趣的例子，表明一只素朴的柜子在不损害方形结构的严谨和宏伟的情况下是如何自我美化的。除靠墙的背面外，立材和横枨都带有哥特式褶纹的平凹槽，边饰圆凹槽，正面有九块柜门心，心板落堂起鼓，四角饰以委角。简朴的长方形合页和面页与心板边框非常匹配（版158右上）。金属构件顺滑的打磨和边框的打注，心板的线脚，共同产生柔和、变异的光芒。四件柜叠加的上下柜体，柜面精心的分割与布局，下牙板特征鲜明的轮廓线，平添了栗褐色花梨木的线条之美与韵律（版128）。柜内功能的安排与设置，明暗分设的搁板与抽屉（版129），其工艺之精致、奇巧，令人赞叹不已（版155）。整体外观简洁、壮观的四件柜，可与最好的直立式比利时佛拉芒斯家具（Perpendicular Flemish）媲美。

家具用材

"中国的气候条件……使得买得起家具的人选用经得起复杂气候变化的木材。我们发现中国日用家具使用多种硬木制作，部分产于本土，大多数自东南亚热带地区进口。"（霍莫尔，XX之第244、245页）

在市场上抑或中国的百科全书中，家具用材多用贸易名称，而难以与植物学名称一一对应，这一问题在本土木材和进口木材没有清晰区别时尤为突出。在中西科学家中，"还没有两个科学家对某一树种之名称持同一种看法，现在所收集的资料作为依据仍然脆弱乏力，并不能得出一个令人信服的结论。中国的通用名称，可能或多或少笼统地按植物学分类方法来分别。差异很大的材色、结构、瘿斑、花纹，代表木材不同部位的基本特征"（霍顿，XXI）。

除此之外，还有产地与采伐时间的区别。数百年来，人们只会利用最优质的、树龄最大的树木。这也是早期中国家具所用木材的质地、纹理、材色如此优美的重要原因。良材耗尽，便开始使用其他产地及材质稍差的木材。事实上，原材料质量的这一变化，似乎与工匠创作欲望的衰退相关联。以此来断定素朴的中国家具的年代，虽说是一个含混不清的标准，但仍有提示性的帮助。现代木材商并不能完全弄清楚老料的明显特征，故在传统木材的名称前加一"老"字，作为打动买主的主要理由之一。

现在看来，中国工匠一直在使用的四类硬木均隶属于豆科，每一类都有中国本土生长的树种和对应的俗称。正如霍莫尔所言，可能自南方海外殖民地初期，家具业所用的大部分木材即源于印度支那[1]和马来亚地区进口。

这些最重要的木材隶属于紫檀属的各个树种，西方均以玫瑰木（Rosewood）统称。不过，"玫瑰木的鉴别问题仍未得到充分的重视或研究。实际上，玫瑰木一般作为'铁木'而被普遍对待，并被用于世界各地不同树种之称呼。玫瑰木的种类多达三十多种，具深色，隶豆科黄檀属和紫檀属"（XXI，霍顿，依据诺曼肖）。

紫檀

中国人一般认为紫檀是最高贵的家具用材。正仓院展示的陈列品中便有用这种木材制作的器物。这些器物于8世纪中叶之前从中国输入（图11），但硬檀木在中国利用的历史肯定会更早。俄国人布雷施奈德（Bretschneider）收集的有关资料及一种产于中国本地的木材，便可证明这一问题（III）。

现在多数专家认定紫檀的拉丁名即 *Pterocarpus santalinus*（英文名：red sandalwood，red sanders，palisander）。一本中国海关出版物（XL之第524页）称："此木极为坚硬，新切粗拙，丝纹绵密，表面光亮。材色呈红褐色至红色，因其内存一种有色物质即'紫檀素'……"当然，除了中文"檀"字和易引起误解的西方命名外，这种家具用材与芳香的檀香木（檀香属树种）没有任何共同点。檀香紫檀（*P. santalinus*）原产地不是中国，它原产于印度和巽他群岛的热带雨林中。

另一方面，杜哈尔德（Duhalde）将紫檀划入黄檀属（*Dalbergia*），并说"没有一种木材可与紫檀齐美，色泽红黑，布满细纹，面似罩漆，非常适用于家具制作和最精致的细木工。无论制作任何器物，均广受美誉"。感谢霍顿博士的这段文字："有关紫檀的来源并不清晰。如果源于黄檀属，它有可能是两粤黄檀（*D. benthamii*），因为除了黄色的仅用于车毂之类制作的黄檀（*D. hupeana*）外，在中国这个属的其

1　19世纪法属殖民地，包括越南、老挝、柬埔寨等。

他树木多为小树或灌木。数百年来所使用的紫檀究竟源于紫檀属还是黄檀属，在专家仍未取得一致意见之前，这一有争议的问题只有继续讨论。无论如何这两个属是密切相关的，因此这一问题在某种程度上已成为历史悬案。"（XXI）

我们暂时假设檀香紫檀和两粤黄檀两种木材都以同一名称"紫檀"在中国市场上进行贸易，早期也使用中国本土所产的黄檀属的几种木材，以后逐渐但并非全部由进口的檀香紫檀所取代。《正仓院御物图录》第七卷（LIII）英文注释称，该图录版19至版21所示带底座的箱为"黑柿木制作，苏木汁染色"——可能是模仿紫檀。版18上的照片3a即一件明代紫檀家具的实例，紫檀沉重、致密、富有弹性、极为坚硬、几乎没有花纹，是其主要特征。继而通过打蜡、打磨和数百年的自然氧化，色呈褐紫或黑紫，其平滑完整的表面透出浓郁的缎子般的光泽（版2）。

花梨

自宋或更早始，直至清初，高级花梨木是日用家具的主要原材料。同一俗称下包含几种不同的木材，因而其植物学识别更加成了一个复杂的问题。它包括明及清早期最精美的黄花梨；较晚时期特别是19世纪初叶，简约家具大量使用的毫无光泽、颜色棕黄的老花梨；以及实属红木类的所谓新花梨。现在正在仿制的早期家具即用新花梨这一名称。自明以来所使用的本土和进口的不同种类的花梨似乎并无一清晰的分别。以此名称进行贸易的中国木材已被鉴定为花榈木（*Ormosia henryi*），主产于浙江、江西、湖北、云南和广东。木材学家唐燿博士称其为"中国最重要的木材之一"，"心材深红褐色，边材……淡红褐色，纹理致密、结构细腻、质地坚重，干燥后略具裂隙"（XXXVI）。赵汝适《诸蕃志》中述及一种进口的木材，按后来广义的俗称理解，明显应归入花梨木类。"麝香木出占城、真腊……其气依稀似麝，故谓之麝香……泉人多以为器用，如花梨木之类。"这位13世纪的学者，仍然将本土的真花梨与一种从南洋进口的、芳香的、仅与中国真品近似的木材加以区别。明及清初的箱或柜类家具，如件103、105，至今仍保持一种强烈的甜香味，证明这些家具所使用的木材属玫瑰木类。花榈木和其他中国豆科类木材是否缺乏这种良好的芳香品质，我也不能确定。这也许是更准确地区别本土和进口木材的途径之一。

这位宋代学者随后做了一些有趣的说明："树老仆湮没于土而腐，以熟脱者为上。"这段文字使我们相信，可能是有意将木材置于泥土，使它通过天然潮化从而经历稳定材性、变化材色的醇化过程。这也许是多数古旧花梨家具具有令人愉悦的香味和浓郁的深色的缘由。

从早期花梨木家具上所取木材标本，经鉴定为印度紫檀（*Pterocarpus indicus*）的亚种，并不是花榈木。因此，我们可以猜测到绝大多数花梨木是进口的，产于中国的类似木材仅仅用于当地的家具制作，但后来的俗称则为整个玫瑰木类所使用。

花梨家具所用之木材，无论色之深浅，总被冠以"黄"字，这是描述所有花梨真品颜色的通用词。金光由里及表的色调，如同金箔反射，奇妙、明丽的光辉布满温润如玉的表面。

版1的马蹄足所表示的可能是明代最好的花梨标本，色近琥珀，纹理致密，生有鬼脸，带有深色条纹和清晰奇异的线形花纹。有时也能观察到这种木材具有狸斑和云影的特征，这也表明它可能是产于印度尼西亚的安波那花梨瘿（Amboyna）。

红木

乾隆朝的老红木家具，也被鉴定为印度紫檀的一个亚种。这种木材质地黑红，且经过打蜡抛光和时间的摩挲，品质卓越，这可能是其能替代昂贵的紫檀木而流行于世的原因。依据有年份可考的图画及现存的家具（我们的藏品件5、73、88）来看，红木的广泛使用应始于18世纪初。认真比较本书引用的两本书（XLVI和XLVII）所提供的丰富素材是很有意思的。前者（本书卷首插图仿自该书）具有典型的明式特征，后者展示的同样家具则为18世纪的改良形式。后者之形式大多被排除在本书之外，因为其改良而形成的风格与先前黄花梨时代之风格有本质的差异。

我们在此加入有关红木的讨论是因为如前所述，当今家具制作者正使用色浅的木材模仿老花梨家具。红木类的所谓新花梨经过做旧处理便可形成色深而有年代感的真花梨。无论如何，真黄花梨的金色的光泽与迷人的花纹都是人工无法仿造的。比较照片97a和109a（版160）可以看出，前者为红木，后者为黄花梨。

海关出版物（XL之第509页）将红木鉴定为另一种木材，即孔雀豆（*Adenanthera pavonina*），"生长于孟加拉、印度阿萨姆邦、孟买和缅甸的潮湿森林中，有时被称为'紫檀木'或'珊瑚木'，材色深红，纹理致密，比重较大"。也许是不同种类的黑檀之一，均以红木之名进入市场，也就是所谓的印度玫瑰木，即阔叶黄檀（*Dalbergia latifolia*）。海关出版物称其"主产于印度，心材红色或紫褐色，具黑色条纹，气味香如玫瑰……纹理平顺而粗疏，主要用于高档家具的制作"（XL 之第 512 页）。

印度紫檀的亚种作为一般的红木仍可得到，它生长于中国南部及东南亚地区。在西方，过去将其称为 Padauk（花梨木）。有些地方仍如此命名，似乎这一名称包括各种不同的花梨（XXXV）。从狭义来讲，现在多称之为安达曼红木（Andaman Redwood）、缅甸玫瑰木（Burmese Rosewood）和菲律宾群岛花梨木（Narra）。海关出版物述及此类木材"心材具商业价值，呈红褐色、暗红至深红或紫红色，有时具黑色条纹……木材光滑、致密，触之则凉，相当坚硬而耐久，略具香味……易于加工，打磨光亮，主要用于制作家具"（XL 之第 483 页）。霍顿博士认为红木"是适用于玫瑰木的通称，与紫檀比较，其结构粗糙，比重更轻。木材颜色的变化与树种及树龄有关。一般来说，这些木材全部或部分作为优质玫瑰木的替代品使用。其中不少木材有漂亮的瘿纹，且很耐用。其主要缺点是易受温度和湿度的影响而伸缩"（XXI）。

鸡翅木（杞梓木）

中国木匠使用的所有硬木中，鸡翅木应是最坚硬的，其固有强度优于哥特—文艺复兴式家具所使用的橡木。上等的鸡翅木，花纹古异，颜色轻浅，纹理明显（版 54）。灰褐色的不同色调随着年代递延，并可能在几百年与空气的接触中转化为深咖啡色。木匠深谙材性，特为它更改了标准化的形制和装饰（版 26、55、69）。

"鸡翅木"这一俗称，似乎与其特有的灰褐色和深色条纹关联。如同原产于南美洲的无刺甘蓝豆木（Andira inermis）之别称"鹧鸪木"，一样是用来描述木材的表面特征的。但植物学分类方法证明鸡翅木究竟是何种木材仍然是困难的。似乎在同一名称之下又一次出现了多种不同的木材。例如，一件同版 54 的家具所用之木材，被服部博士鉴定为豆科的铁刀木（Cassia siamea Lam.）。但用于形制较晚的家具，且在市场上仍可找到的稍有差异的木材，被中国专家鉴定为产于中国中西部的红豆树（Ormosia hosiei）（XXI），陈焕镛教授认为此木"木材坚重，赤色而有美丽斑纹；为贵重之美术材及雕刻材"（XLI）。[1] 中国本土产和早期鸡翅木家具使用的进口的苏木科树种的区别，似乎是前者具有浅红色调和淡淡的纹脉。

1　译注：参考陈嵘《中国树木分类学》，上海科学技术出版社，1959 年，第 532 页。

金属配件

金属配件之于中国家具，犹如镀金物之于洛可可式装饰。有时似乎是运用黄金分割原理来合理分布此类配件，使四件柜、橱柜和五屉橱显得更为美观。

真正的原配件与进口的机器打磨的铜饰件的区别在于色泽与成品表面处理。北京辅仁大学化学系曾对两件老的金属残片进行分析。一件为银白色，另一件则为浅黄色。二者均为白铜的一种，即铜、镍、锌合金，与西方冶金方法生产的德国银差不多，差异在于各自所含成分的比例。这些合金并非以某几种纯的成分按适当的比例混合制作。中国金属加工工匠在漫长的实践摸索过程中，发现某种矿物混合物经熔炼后可以产生这些特殊合金。在中国一些地方，甚至可能有三种成分混存一处的矿床。在检测古代青铜器时，也考虑过类似的可能性。在现在所讨论的问题上，我们必须牢记"中国自古已知镍合金，而欧洲迟至1751年才分离出纯镍"（XIX）。德国银的特点一般来讲是具有高熔点和良好的延展性。正如霍莫尔所指出（XX之第20页），在中国，铜和白铜这样的金属是先铸成薄片经冷却处理后再加工的。师承有序的经验和天赋的技巧使中国工匠能够锻造出质地密致的白铜，这便是白铜具有醇厚、柔和光泽的主要先决条件。白铜的光泽与雅致的色调相结合，使这些配件成为了简朴而古老的硬木家具浑然一体的必要组成部分。

配件的形式一目了然，无须说明（版156—160）。值得注意的一点是，这些几何形配件从未被18世纪的西方乌木工采用，只有蝙蝠图案（97a）在欧洲洛可可式和美洲殖民地器物上可以看到。但这里的蝙蝠图案上下颠倒，并进一步变形，成为最普遍的盾形设计的一种式样。

锁和拉手面页的固定，是用扁平的细丝穿过钻出的小孔与柜门内部边框钉牢。抽屉或框架构件外面，扁平的细线则形成装把手和拉手的环，或者成为挂锁巨大扣环的一部分（版124，断面；版133右上）。合页用磨平的或带装饰性端头的开尾锁固定（件105、100，版156）。这些扁线非常牢固，也是采用同样结实的白铜材料制成。

手工技艺—装饰—年代测定

柏林一份18世纪的财产清单，提到从前"选帝侯珍藏"（Electoral Collection）中有一张华美的中国黄花梨拔步床（XXXI）："床体不可思议之处在于其结构没用一颗钉子，每一处均显示出工匠高超的艺术水平与技巧，木材散发出淡雅的香味，但随着时间的流逝而几近灭失。"（XXXII）当时的西方虽然保有完备的传统，拔步床优质的木材与近乎完美的技艺仍给西方专家留下了深刻的印象。西方专家很快看到了纯粹的手工工艺，这是中国非常独到的传统细木工工艺的特征。我们一再提醒对于早期优秀的中国家具的关注，关注其高贵、简约和完美的表面处理。在此我们必须反复强调和应牢记的几点是：

除非绝对需要，不用木钉；尽可能避免用胶；无论何处，不用车旋——这是中国细木工的三条基本原则。

在本书实例中，只有件14为了保证琴桌四个主要连接部位的稳固，在必要的情况下使用了暗销钉（版16；版152，榫卯4）。带着交叉纹理的销钉端头在浅色的木材表面留下了明显的深色圆点。一些家具经过拆散和重新组装后，有时也会后加上木钉以加固各个连接部位。霸王枨与穿带的固定便需要结实有力的销钉（榫卯18a，版154）。很自然，金属钉子并不会在硬木家具中使用。极少的情况下也使用胶，如管脚枨下加足（件6、71、110、112），加固穴入的燕尾榫（榫卯15，版153），或在落堂踩鼓周边安装装饰性边框（版120）。熟练的木工一直不屑于使用旋床，从端面看，大多数本应为正圆的家具构件或多或少会呈椭圆形（版47）。直至今日，这些枨子和立材仍凭手和眼用原木制作，所用工具则是一把简单的刮刀，形如西方老式的刨刀（XX之图363）。

三弯腿（件3、3a、20、110）、马蹄足（件6、15）和霸王枨（件6、7）均是毫不吝啬地用整料挖制而成的真正雕刻品。另一方面，珍稀硬木的韧性，不仅可以做出复杂精巧的结构，而且可以如钢片一般柔弱纤细或如肌肉般健美。这些都是中国家具结构设计的鲜明特征。

中国木工尊重材料，从不采用贴皮工艺，除非是在不耐久的廉价家具中。件68（版89）的贴竹簧是一极为特殊的例子，却展现了人们对于木材天性的自然感受。

高级硬木家具的表面处理，所用之蜡不加任何带颜色的物质。有时在家具的表面似乎用过薄薄的一层透明漆。除非木材曾被人为处理过，不然随着时间流逝，家具颜色会更醇美，光泽更柔和。经过几个世纪的与时摩荡，古老的黄花梨表面会呈现出不可能采用其他任何方式得到的外观。金属质地般的光泽，浑圆无方的边棱，凹凸有致的浮雕，赋予中国古代家具独有的特征，这也是其他风格家具所不具备的（版60）。

早期的装饰完全弥合精美复杂的建筑构造形式，无论曲线、阳线和线脚，还是精致或粗犷的雕刻，都是整体设计的一个有机部分，而不是外加的（件37、55、60a）。可以说，早期素朴的家具与晚期装饰性强的家具之间的差别，如同早期瓷器的含蓄不同于清代彩瓷的华丽。事实上，柏林所收藏的那张布满雕刻花纹的黄花梨拔步床（XXXI），必然催生一个新的审美秩序。这张床应为典型的康熙年间作品，如同床23即为17世纪初叶的代表，而庞大的拔步床26则属于15世纪（见I之第149页晚期装饰的例子，VI之版第38—41页，XXIV之图62）。

我们通过讨论有代表性的实例，试图推测其制作的时期，尽管我们不可能知道其准确的制作年代。依据我们所掌握的资料来排定年代顺序，几乎是不可能的。然而，经验丰富的中国家具商则张口道来"明早期""明晚期""17世纪""康熙晚期""乾隆年间"，有什么明显的标志让他们如此自信地说出家具所属年代呢？我们在前面已经讨论过一些观点。依据我们的观察和以上讨论过的观点，现在可以初步加以总结了。虽然这些特征含混不清，但仍能为我们提供一些常属于17世纪之前手工艺的年代标示：

（1）晚近时期所不会有的木材规格；丰富多彩的纹理；醇美成熟的材色；完美无瑕的表面上，经由时间打磨的光泽；优质的金属饰件。

（2）一些典型的技术特征：用浅色的漆涂于内，作为保护性衬里；家具表面之黑漆断纹（版8、58、62、116）；带色彩的云南大理石作为桌面（版70，参考XL之第456页）。

（3）精准的比例感：无论一成不变或微妙之化，其形式概念始终与功能吻合，同结构的本意从未分离。

研究一些装饰性元素，可以得出更深一步的结论。翘头案66（版87）在此具有特殊价值，因其有一肯定的年代，制于明末，有助于了解17世纪家具的风格。我们可以从其两侧挡板进行前后推测，与之关联的一张平头案，其云头相仿，但显然变得柔化而减弱，表明是一件较晚的花梨木家具，可能制于康熙朝（件67，版88）。件65、64和63按序排列，比较其牙子，从中可以看出前二者的云头已失去了多少传统云头之力量。考虑到纹饰的明显变化及肥美的包浆与整体的设计，翘头案65（版86）的年代应为16世纪，春凳64（版83）则在公元1500年前后。

黄花梨翘头案63具有近乎完美的艺术魅力：木材表面醇厚的蜜色与光泽，精准合理的结构组合，苍劲有力的透雕，活泼生动的锐角双S形曲线壶门，饱满圆润的线条，书写体般精确的云头和尖角牙子（版82）。

这张翘头案可能是15世纪的作品。它的云头形式（见版45）也出现在泉州一座16世纪祠堂中的供桌上，但变弱了（版161）。17世纪和18世纪漆桌中的云头更进一步减弱（XXXII之版33—35）。至乾隆年间，这种带云头牙子的条桌仍未消失，经过近三个世纪的演化，其形制越来越呆板僵硬，文化品位几乎消失殆尽，显示一个优秀传统时代的结束（件68，版89）。

再提示一下有关古代家具开光的遗留痕迹（图5、6）。图24是从元代一幅木刻中描画出来的。这种作为当时时尚的带有围子的床之所以重要，有几个原因。典型的过渡时期的特征表明其是明代三面围子罗汉床之前身（件16，版20）。后者整体协调，更加优美。元代家具的木工攒接似乎还处于试验阶段，围子也还未真正与床座融合为一个整体。配套的脚踏仍有宋式如意云头足，而不是明初一木整挖的马蹄足。元代床左右两侧的如意云牙头也是古代家具开光的遗留。如此起阳线的牙子，在床16中并未出现，却在黄花梨方桌10和黄花梨书柜92中出现，并在扶手椅84（版11、113、105）的靠背板中以简化的形式呈现。这些牙子使三件家具同元式家具联系在一起了。富有鲜活生命力的设计和品质优秀的材料，木材表面的光洁与醇厚的包浆，桌子霸王枨的使用与成熟的马蹄足，足以证明件10、84和92均属于明早期的遗存。桌10的腿足优美的轮廓，代表了一次最美好的演变的开始，床19（版25）之足则预示其终结。

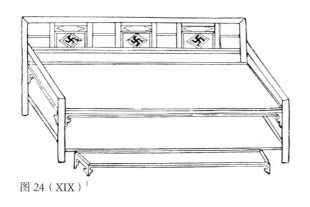

图24（XIX）[1]

1　译注：原文参考文献号为XIX，应为XLIX。

元以后家具制作的兴盛与衰落

元朝中国人的精神状态给予绘画最后的和决定性的动力,建筑与家具也进入了转型期,至元以后才完成。实际上,这些实用工艺美术的决定性发展需要中国一个朝代的全民族推动。自8世纪以来,建筑艺术在明初第一次达到一个新的高峰,此时家具也臻至尽善尽美。

中国家具发展的黄金期可能与青花瓷的繁荣期重叠,不过很快在公元1500年左右开始逐渐衰退。至17世纪末,尚存的经典的明式家具传统一一失去其本有的特征。早期家具的雄浑豪放被循规蹈矩但又常很迷人的精致(件114,版142)所取代了。另一方面,如柏林收藏的那张床,其奢华雕刻完全遮蔽了木材的自然之美,干扰了自由流畅而优美的线条组合。

接踵而至的红木的使用,应该是名贵硬木来源逐渐枯竭所致。苏州、扬州木工作坊几百年几乎专用各种黄花梨的做法,现在也不得不停止了。在明或其前两朝,黄花梨的使用一直是高级家具独有的特色。后来延至18世纪末,出于对浅色木材的追捧,人们使用较粗糙的老花梨满足市场的新需求。偶尔,这种追捧也会多少促进简约古老的风格得以些微的复苏(件22、28、29)。

红木家具式样,在早期的北京家具实例(件5)中还很精致,至乾隆晚期便开始衰退,变得几无生气或艳俗不堪,最终堕落如广州、上海的深色家具而残败(XXIV之图76—82)。只有用柴木制作的民俗家具,还保留简朴的结构形式和传统的中国比例感。

图25(XI)

结　语

经林语堂妙译的沈复《浮生六记》，是了解晚清中国人生活最好的读本（XXXIV）。从书中可以看到中国本土文化在受到上世纪破坏性改变之前的原状。甚至在一百年之前，明代传统仍与苏州每一个家庭勾连。直至今日，全中国可能只有少数古宅能提供一些想象空间，让我们了解本书所列家具当时处在一个什么样的环境中。

我们建议用一些画中有关 15 世纪欧洲文艺复兴时期意大利家庭的陈设做比较，特别是威尼斯学院派画家如西玛（Cima）的《圣母领报》（*Annunciation*，藏于俄艾尔米塔什博物馆）或卡巴乔（Carpaccio）的《圣乌苏拉之梦》（*Dream of St. Ursula*，藏于威尼斯艺术学院）。这种不同的比较，也许能帮助我们重温明人室内设计的奥妙与魅力。明代室内陈设，除了散落于各处的物件外，还有一些被找到收集于本书中。

明代有闲阶层的室内陈设，往往在庄严与刻板的简朴之中显露出优雅与高贵。宽敞的中厅由两排高高的立柱支撑，左右即东西面均为木质的格子状槅扇（参见版37），其后垂挂色彩柔和的丝绸窗帘。墙、柱均贴壁纸，地面铺设深色金砖，天花板则饰以黄色苇箔组成的格子。在这种深色调的装饰背景下，家具的陈设则完全从属于总体布局的安排。玫瑰木家具的琥珀色或紫褐色完全与昂贵的地毯以及织锦或刺绣椅罩椅垫的柔和色调相协调。书画卷轴，置于朱漆底座上的青花瓷、青铜器，无一不为主人精心安排。白天，纸糊的格子窗户遮挡刺眼的阳光；夜晚，摇曳的烛光和角灯将各种色彩糅杂一处而形成满屋奇妙和谐的光辉。

简洁与奢华同存，是明代室内陈设的明显特征。图 2 展示了 19 世纪厅堂的情景，那时在整个家庭生活的沿革中，平面布局和家具陈设都有其严格的规矩。尽管中国人在休闲文化的生活艺术方面已高度发达和完美，其日常生活的环境仍然保持古老素朴的外貌（见 II，LVII）。这就是我们在卷首插图中所看到的 16 世纪风格的卧室的陈设（XLVI）。在休闲之处，家具的安排比较自由随意，但其设计与装饰仍十分严谨，有着饱满流畅的线条及恰到好处的比例，这便是典型的中国工匠的第二天性。即使在深深的内室，木材、结构、尊严永远是第一位的，而舒适则只能居其次。

图　版

马蹄足，黄花梨（见版 19）

炕几，紫檀
高 35cm；面 89cm × 67.5cm

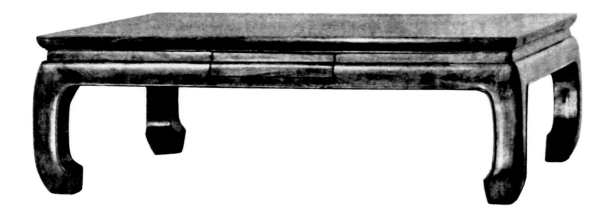

炕几，黄花梨
高 29cm；面 87cm × 60cm

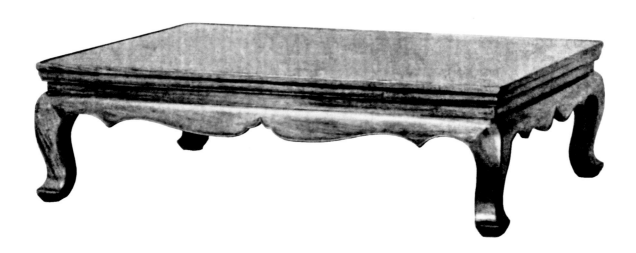

炕几，黄花梨
高 28cm；面 99cm × 66cm

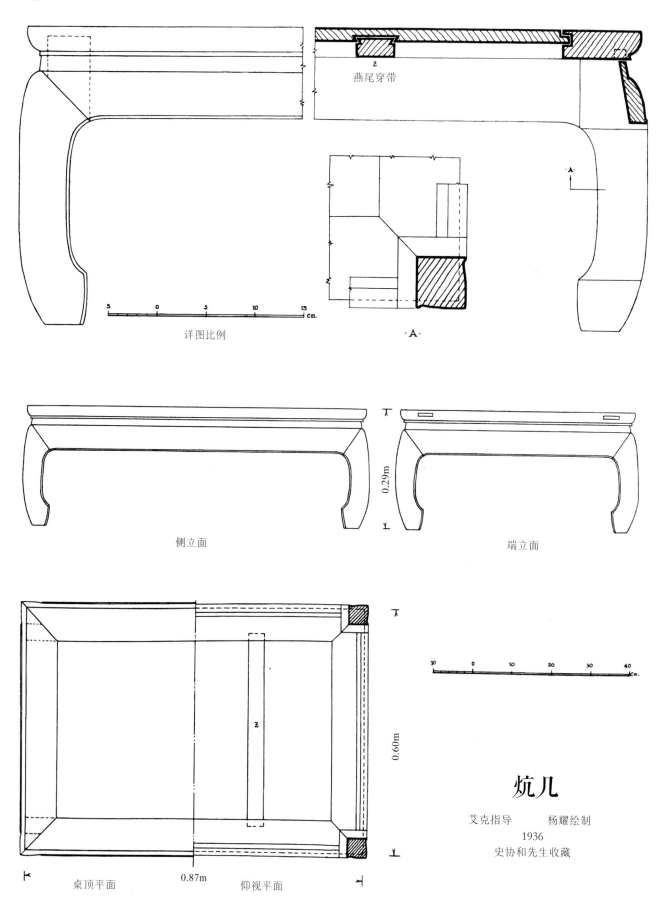

燕尾穿带

详图比例

·A·

侧立面

端立面

0.29m

桌顶平面

0.87m

仰视平面

0.60m

炕几

艾克指导　　杨耀绘制
1936
史协和先生收藏

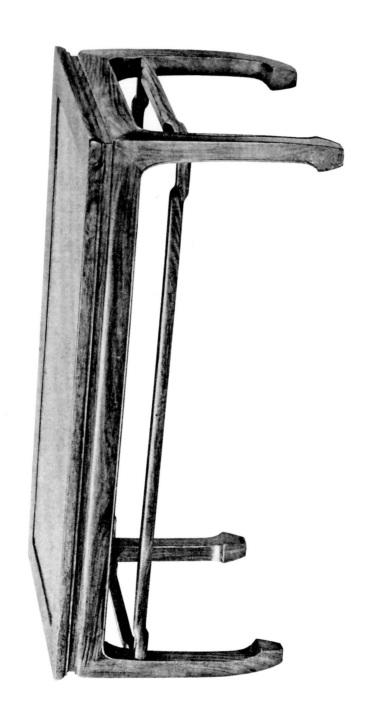

条凳（一对中之一），黄花梨
高 52cm；面 124cm×52cm

茶几（图中悬盖系修复），黄花梨

高 84cm；面 55cm × 48cm

译注：黄花梨有束腰马蹄足霸王枨带花泥长方香几

茶几，红木

高 85cm；面 50cm × 40cm

译注：有束腰带管脚枨长方香几

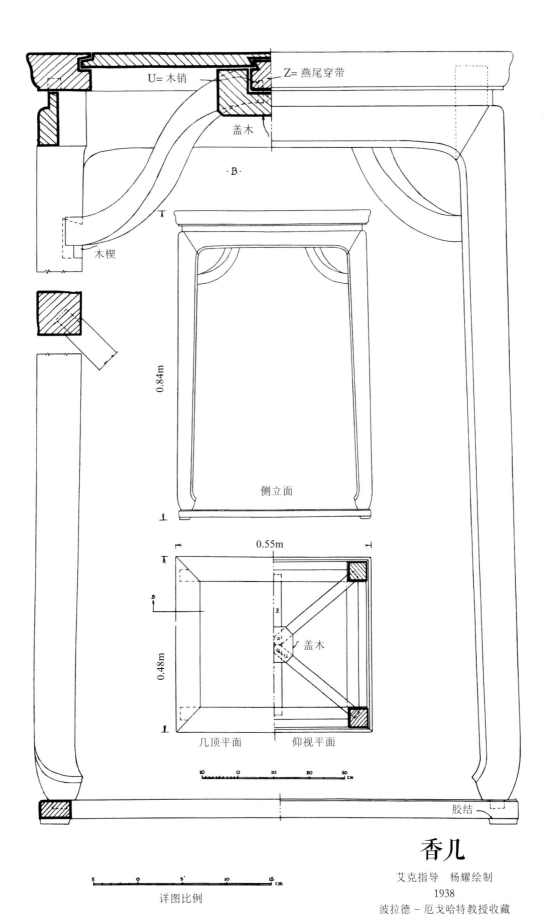

U= 木销

Z= 燕尾穿带

盖木

·B·

木楔

0.84m

侧立面

0.55m

盖木

0.48m

几顶平面　　仰视平面

胶结

香几

艾克指导　杨耀绘制
1938
波拉德－厄戈哈特教授收藏

详图比例

方桌，黄花梨

原高 80cm；实高 42cm；面 85cm×85cm

条几（仅细部，参考件9），黄花梨
高 81.5cm；面 81cm×33cm

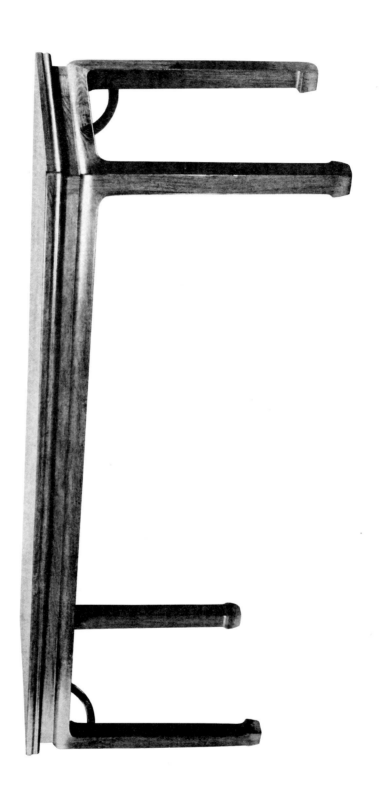

条案，黄花梨
高 81cm；面 223.5cm × 63cm

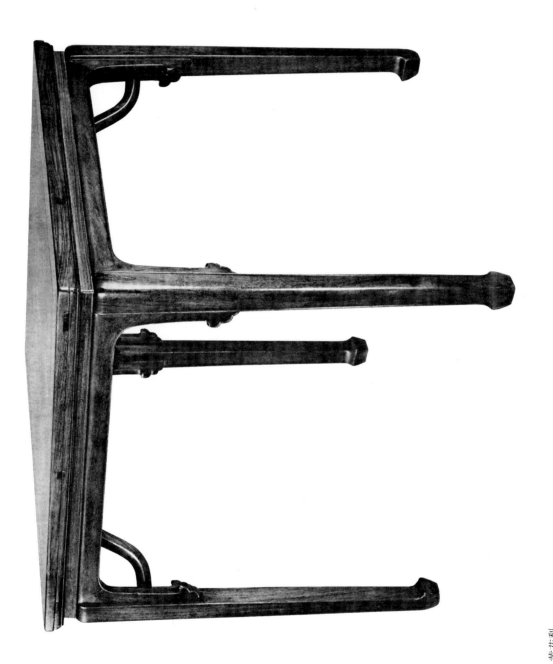

方桌，黄花梨
高 82cm；面 82cm × 82cm

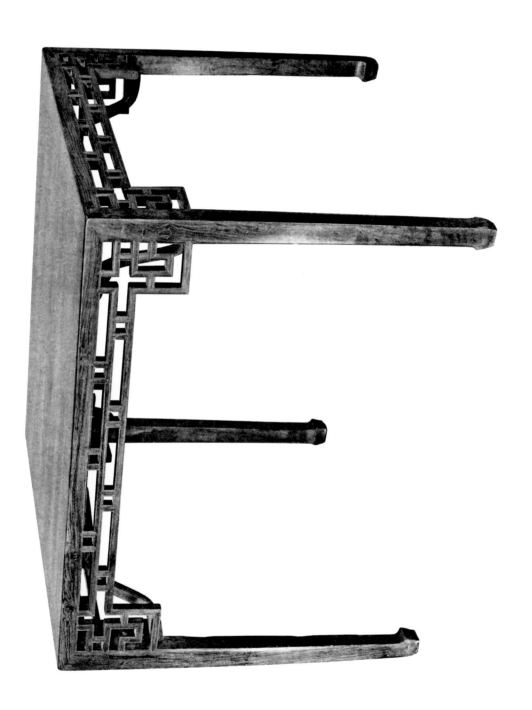

方桌，黄花梨
高 84cm；面 104cm × 104cm

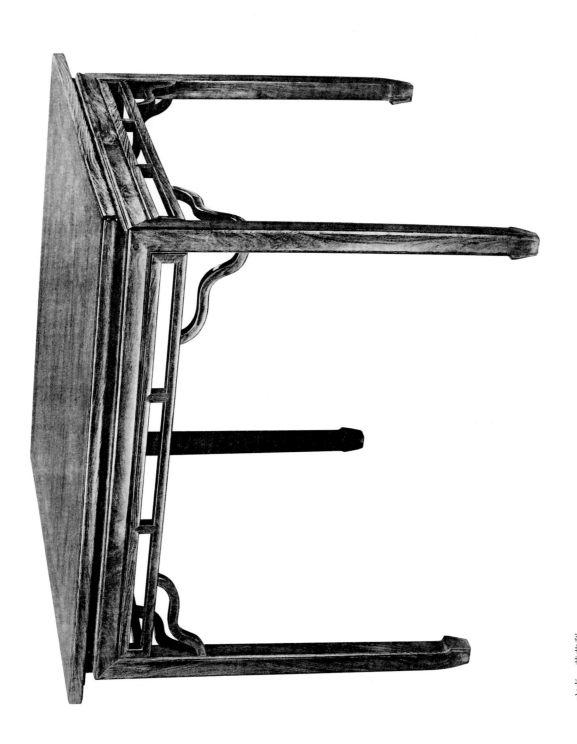

方桌，黄花梨
高 82cm；面 104cm × 104cm

条桌，黄花梨
高 87cm；面 158cm × 53cm

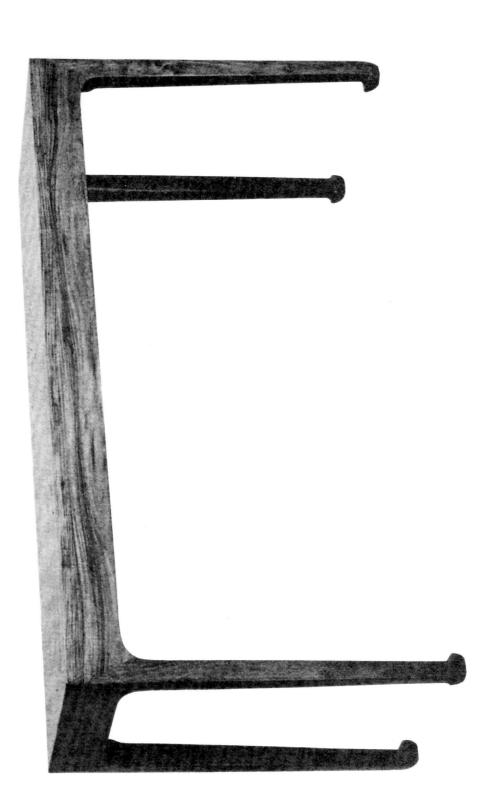

琴桌，黄花梨
高 79cm；面 144cm × 47cm

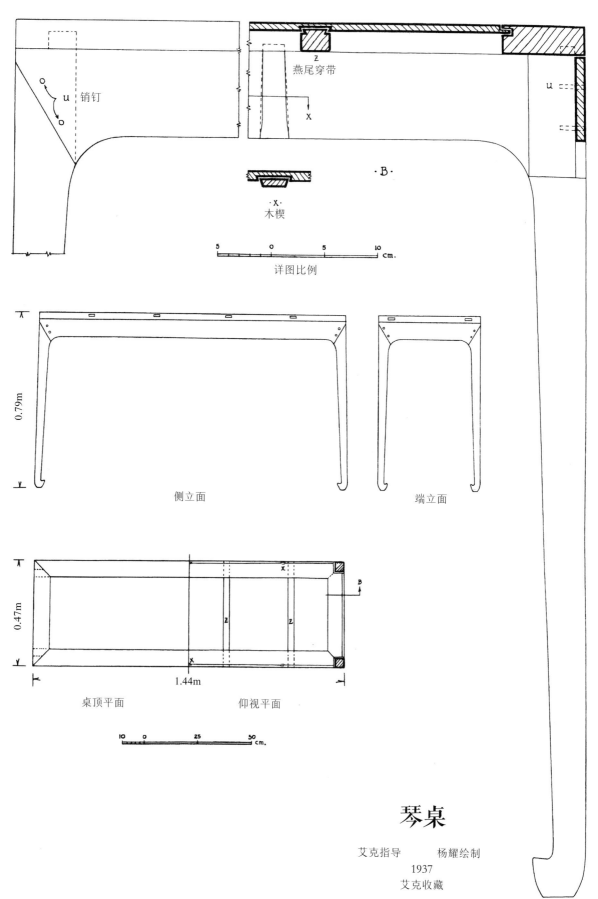

销钉

燕尾穿带

·B·

·x·
木楔

详图比例

侧立面

端立面

桌顶平面   仰视平面

琴桌

艾克指导   杨耀绘制
1937
艾克收藏

红漆琴桌腿
见奥迪隆·罗什（Odilon Roche）著《中国的家具》版 XXXVI

黄花梨琴桌腿
见版 15（件 14）

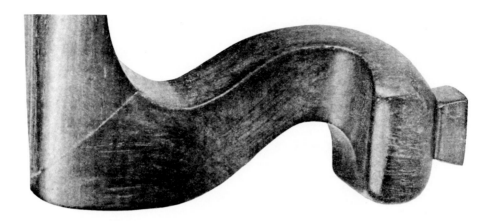

方炕几足，紫檀
大致实际尺寸

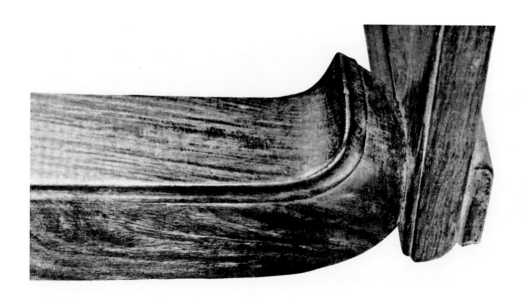

茶几足，黄花梨
见版6（右）

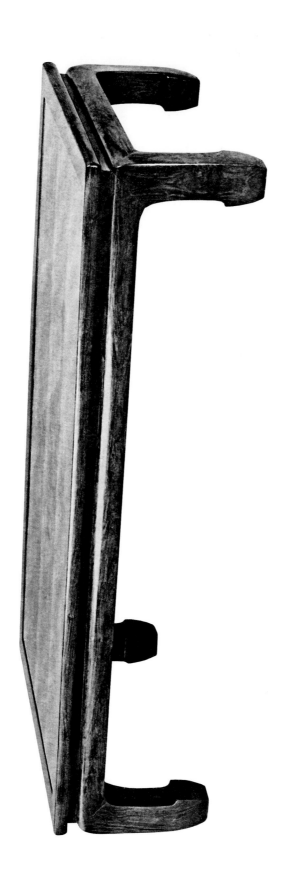

榻，黄花梨
高 47.5cm；榻座面整体 197cm × 105cm

床，黄花梨
通高 80cm；床座高 46cm；床座面总尺寸 197cm × 105cm

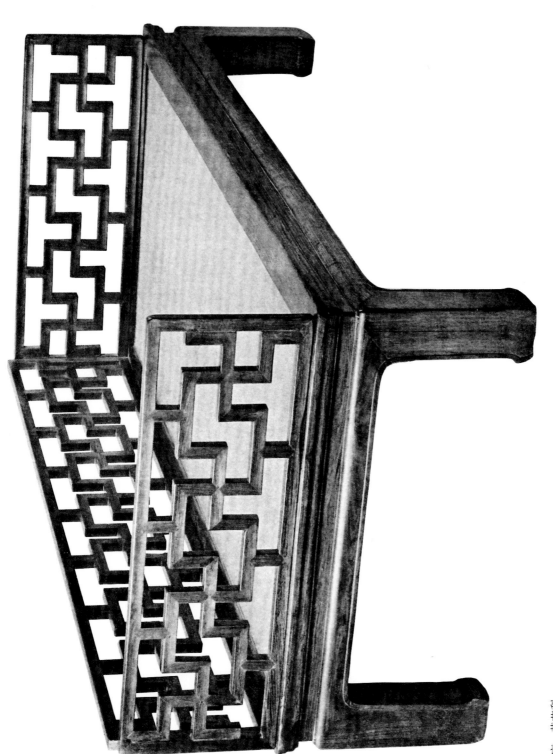

床，黄花梨
实际高度 77.5cm；修复后高 80cm；修复后座高 46cm；
座面总尺寸 204cm×94cm
译注：黄花梨三屏风攒接正卍字式围子罗汉床

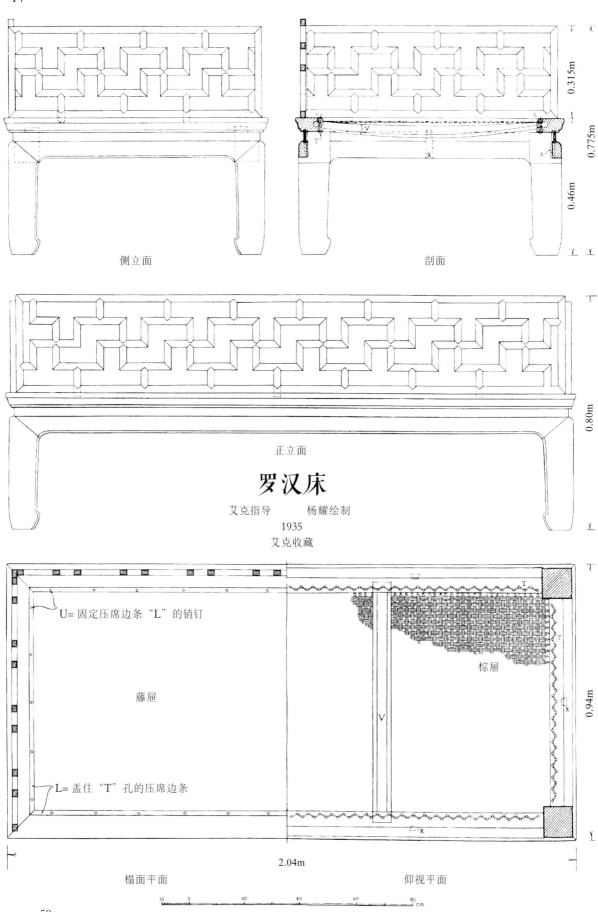

侧立面　　　　　　　　　　　剖面

正立面

罗汉床

艾克指导　　　杨耀绘制
1935
艾克收藏

U= 固定压席边条 "L" 的销钉

藤屉

棕屉

L= 盖住 "T" 孔的压席边条

榻面平面　　　　　　　　　　仰视平面

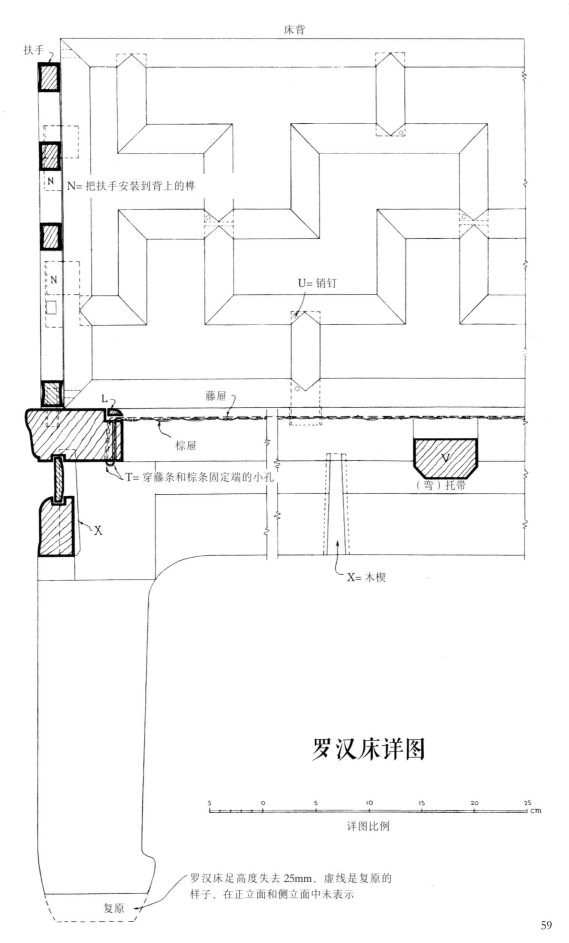

床背

扶手

N= 把扶手安装到背上的榫

U= 销钉

L

藤屉

棕屉

T= 穿藤条和棕条固定端的小孔

（弯）托带

X

X= 木楔

罗汉床详图

详图比例

罗汉床足高度失去 25mm，虚线是复原的
样子，在正立面和侧立面中未表示

复原

床，黃花梨
通高 97cm；座高 47cm；床座面總尺寸 200.5cm × 104.5cm

床，黄花梨
通高 97cm；座高 48cm；床座面总尺寸 209cm × 126cm

床，鸡翅木

通高 81cm；座高 48cm；床座面总尺寸 217cm×120cm

译注：鸂鶒木三屏风攒接围子罗汉床（缘环加曲尺）

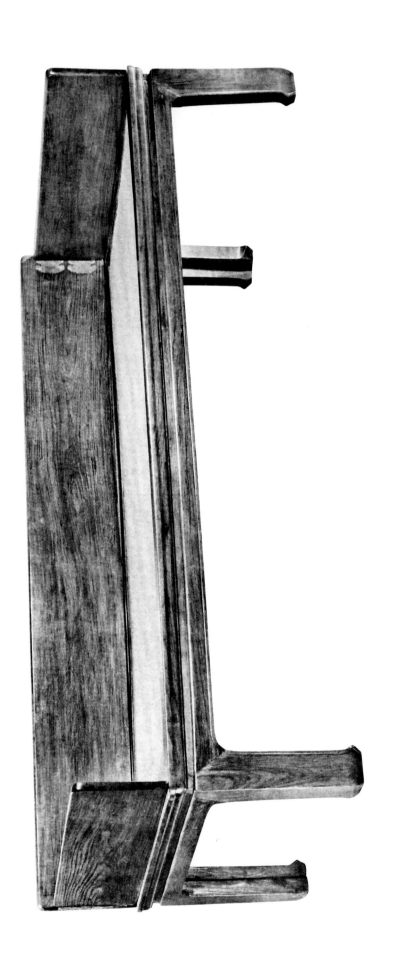

床，黄花梨

通高 74cm；座高 47cm；床座面总尺寸 207cm × 94.5cm

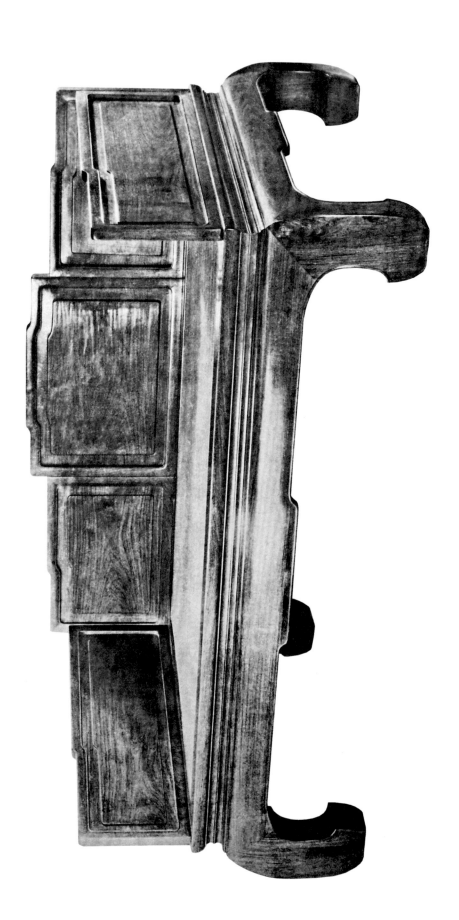

床，老花梨
通高 108cm；座高 55cm；床座面总尺寸 199.5cm × 125cm

架子床，黄花梨
通高 242cm；座高 52cm；
床座面总尺寸 226cm×160cm

正立面

架子床

艾克指导　　杨耀绘制

1937

艾克收藏

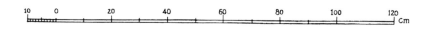

2.42m

侧立面

架子床

（续）

10 0   20   40   60cm

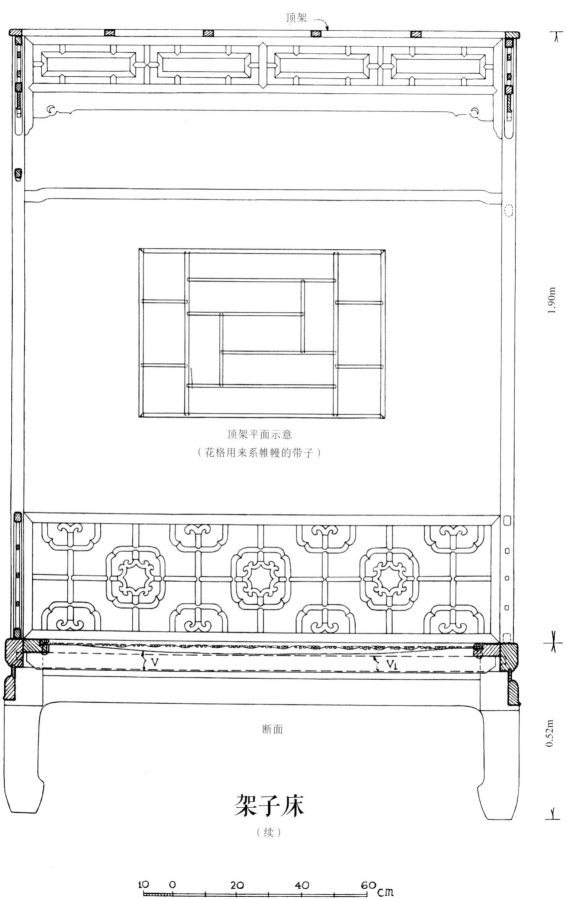

顶架

1.90m

顶架平面示意
（花格用来系帷幔的带子）

V   V₁

断面

0.52m

架子床

（续）

10 0   20   40   60 cm

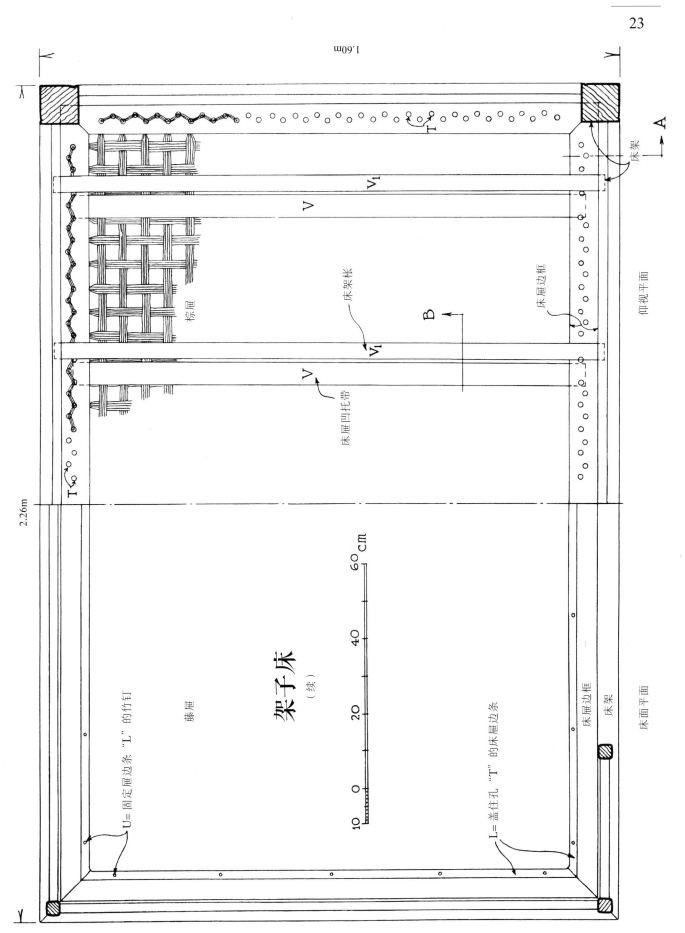

架子床
（续）

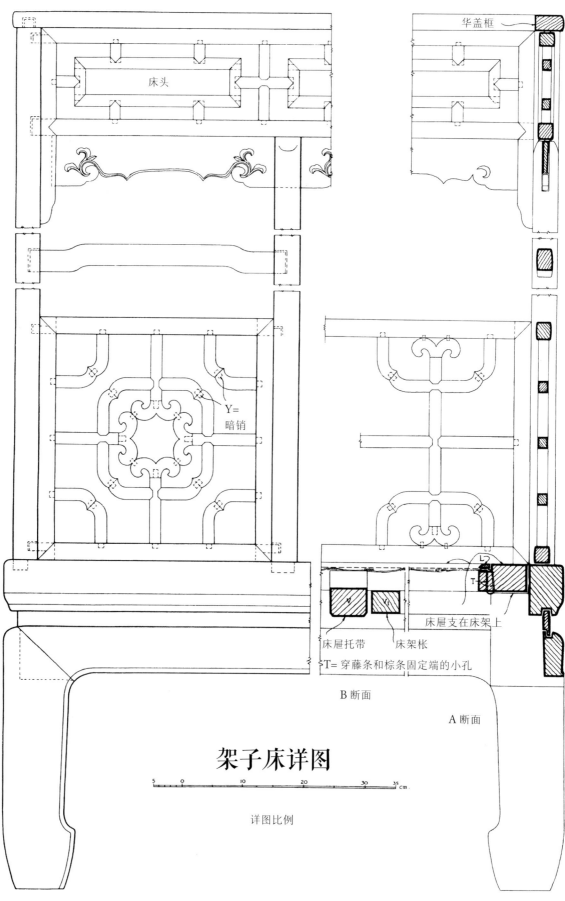

华盖框

床头

Y=
暗销

床屉支在床架上

床屉托带　床架枨

T=穿藤条和棕条固定端的小孔

B 断面

A 断面

架子床详图

5　0　　　10　　　20　　　30　35
cm.

详图比例

架子床，黄花梨

通高 223cm；座高 49cm；床座面总尺寸 222 cm × 143 cm

架子床，黄花梨

通高 233 cm；座高 50 cm；床座面总尺寸 232cm × 168.5cm

拔步床（版39）构件

拔步床（版39）构件

榻床，黄花梨

通高（包括软木地平和罩盖）227cm；进深208cm；地平以上座高57cm；

床座面总尺寸207cm×141cm；框架（不包括地平与罩盖）207cm×207cm×208cm

译注：黄花梨六柱攒斜卍字拔步床

脚踏（一对中的一件），黄花梨
高 12.5cm；面 43.5cm × 26.5cm

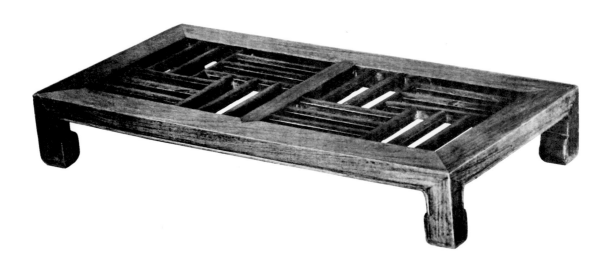

脚踏（一对中的一件），老花梨
高 11cm；面 69.5cm × 35cm

冰箱，老花梨
通高 72cm；几座 36cm；几座面尺寸 53 cm×53cm；盖 56cm×56cm

条桌，黄花梨
高 81cm ；面 69cm × 39.5cm

条凳，黄花梨
高 32cm ；面 89.5cm × 30.5cm

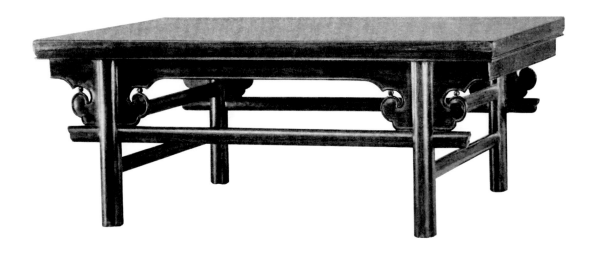

条凳，黄花梨
高 32cm ；面 82.5cm × 57cm

翘头案，黄花梨
独板面；高 85cm；面总尺寸 99cm×46cm

翘头案，黄花梨
独板面；高 85.5cm；面总尺寸 104cm×35cm

翘头案，黄花梨
高 84cm；面总尺寸 197cm × 49cm

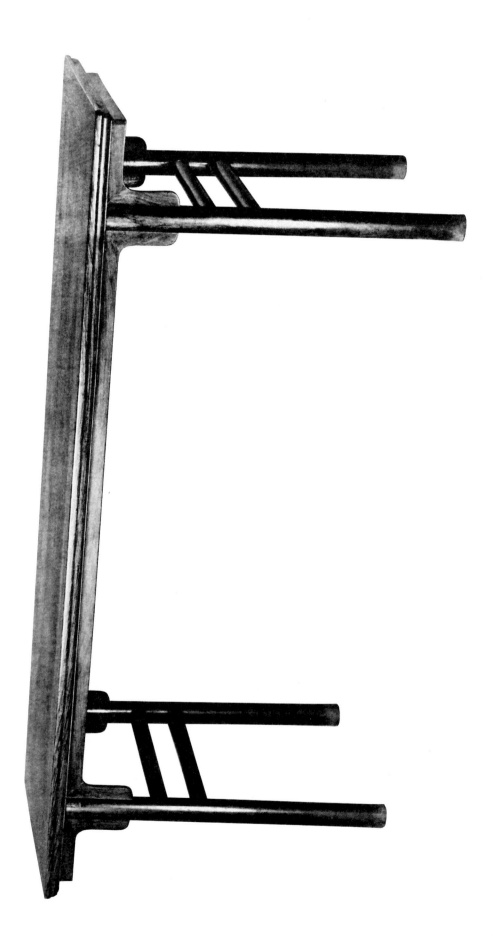

平头案，黄花梨
高 82cm；面 180cm × 54cm

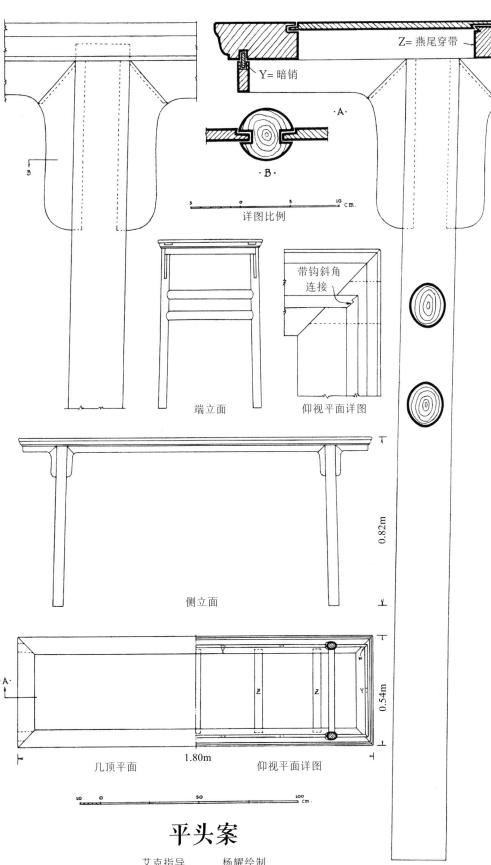

Z= 燕尾穿带

Y= 暗销

·A·

·B·

详图比例

带钩斜角
连接

端立面

仰视平面详图

0.82m

侧立面

·A·

0.54m

几顶平面　　　1.80m　　　仰视平面详图

平头案

艾克指导　　　杨耀绘制

1934

霍普利医生收藏

条桌，黄花梨
高 75.5cm；面 86cm×37.5cm

带下搁板条桌，黄花梨
高 79.5cm；面 88cm×36.5cm

条桌局部

平头案，核桃木
高 82.5cm；面 192cm × 59cm

书案，黄花梨
高 84cm；面 165cm × 71cm
译注：黄花梨夹头榫画案

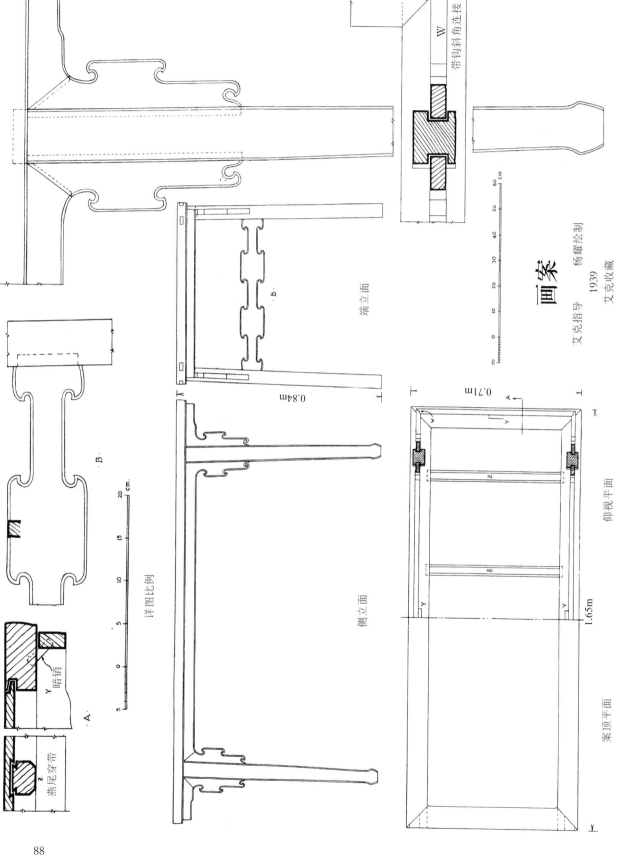

带钩斜角连接

W

端立面

cm
60
50
40
30
20
10
0
10

画案

艾克指导　杨耀绘制
1939
艾克收藏

0.84m

·B·

详图比例

cm.
20
15
10
5
0
5

·B·

暗销

Y

燕尾穿带

Z

·A·

侧立面

0.71m

A

Y

W

Z

Z

Y

仰视平面

1.65m

案顶平面

黄花梨画案局部

鸡翅木书案局部

书案，鸡翅木
高 83cm；面 272cm × 93cm

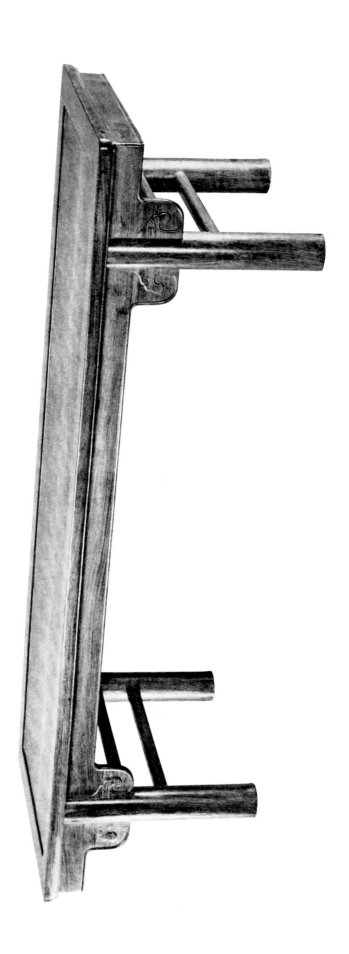

凳，黄花梨
高 52cm；座面总尺寸 189cm × 64cm

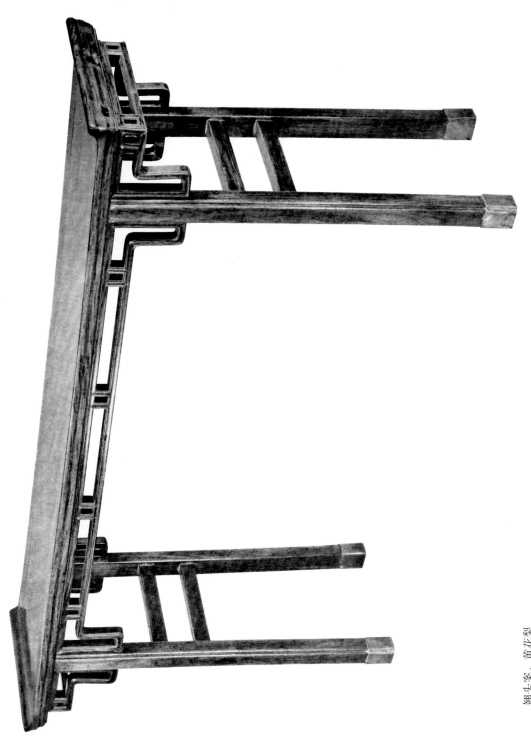

翘头案，黄花梨
板高 83.5cm；面总尺寸 162cm × 35cm

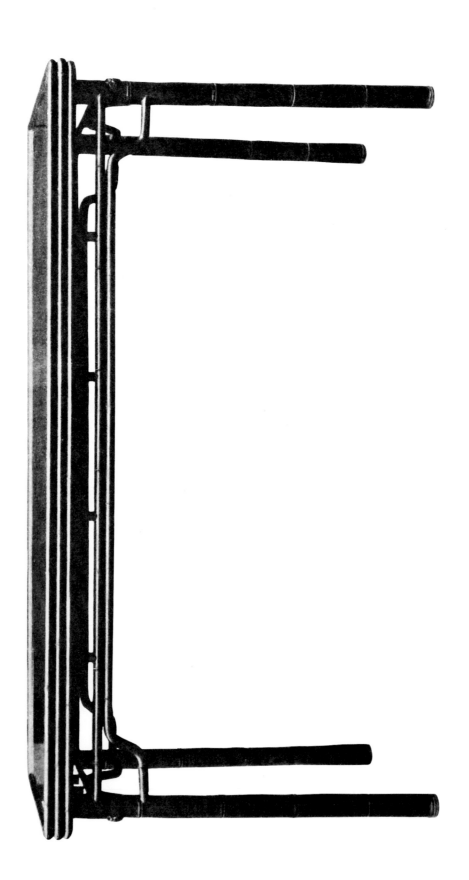

琴桌，紫檀
高 85cm；面总尺寸 152.5cm × 51cm

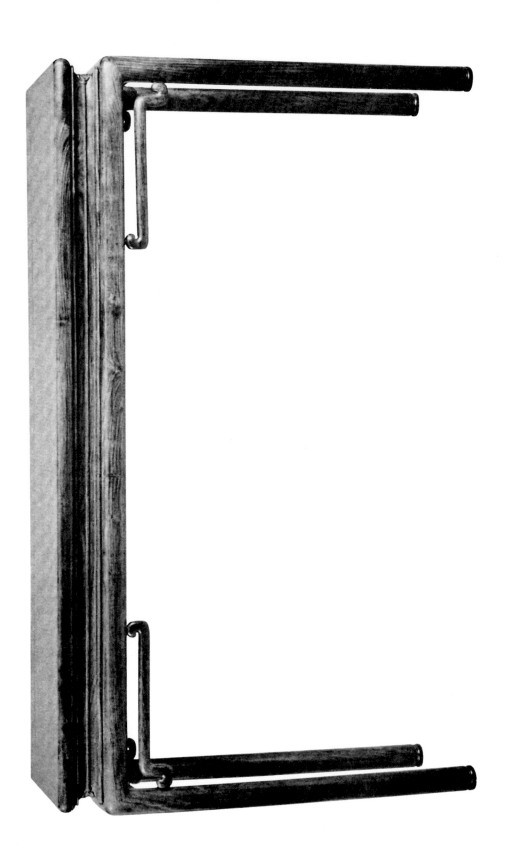

琴桌，黃花梨
高 87cm；桌面 145cm × 39cm

黃花梨琴桌局部

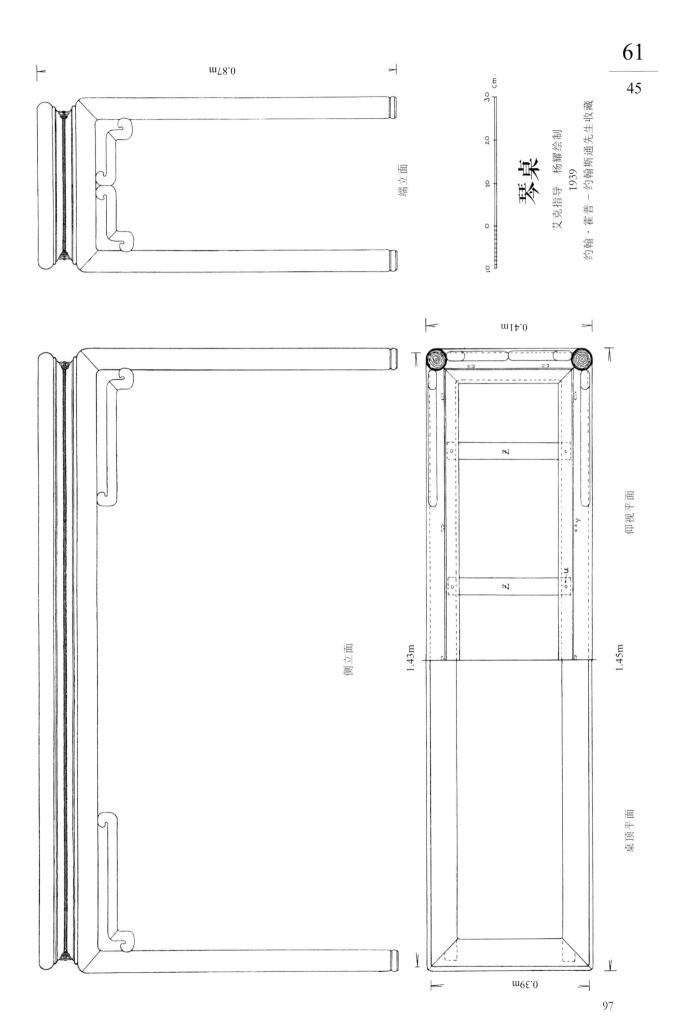

琴桌

艾克指导 杨耀绘制

1939

约翰·霍普-约翰斯通先生收藏

0.87m

端立面

侧立面

仰视平面

桌顶平面

1.43m

1.45m

0.41m

0.39m

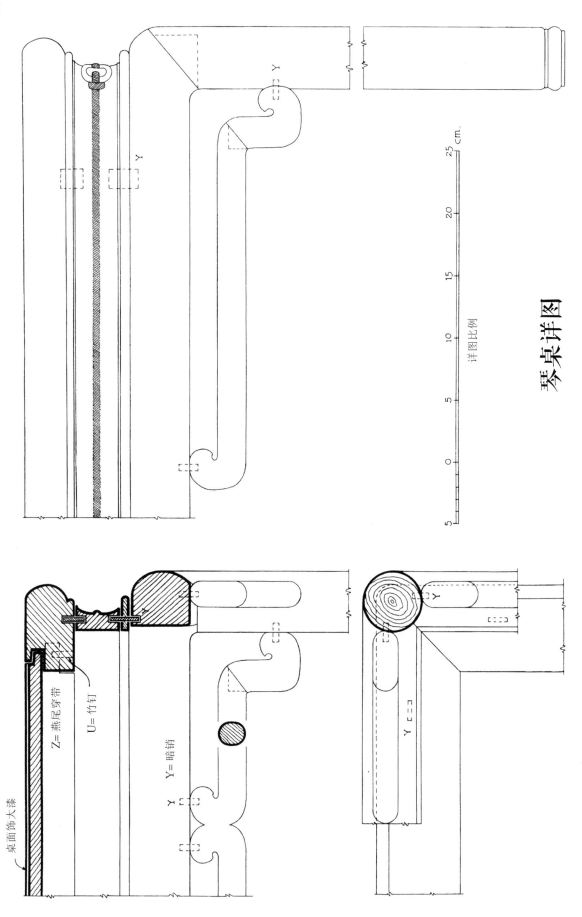

琴桌详图

桌面饰大漆

Z=燕尾穿带

U=竹钉

Y=暗销

Y

详图比例

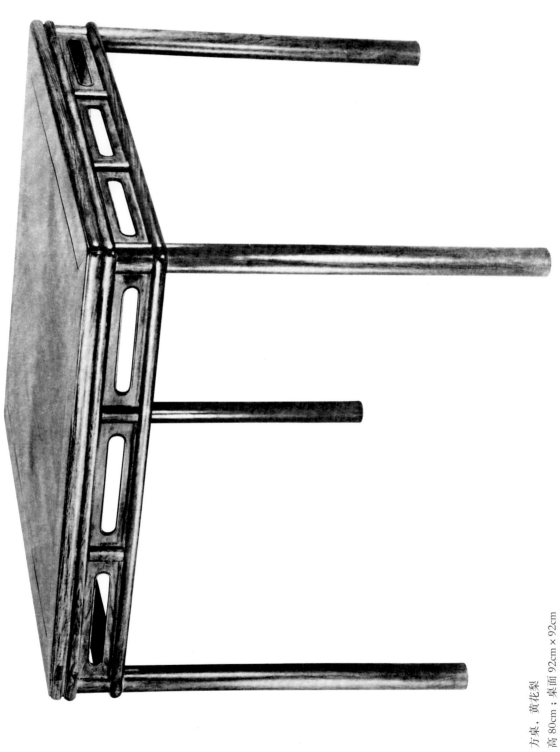

方桌，黃花梨
高 80cm；桌面 92cm × 92cm

64

48

方桌（一对中之一件），黄花梨
高 87cm；桌面 98cm × 98cm

100

条几，黄花梨
高 82cm；面 96cm×53cm

条几，黄花梨
高 87cm；面 98cm×48.5cm

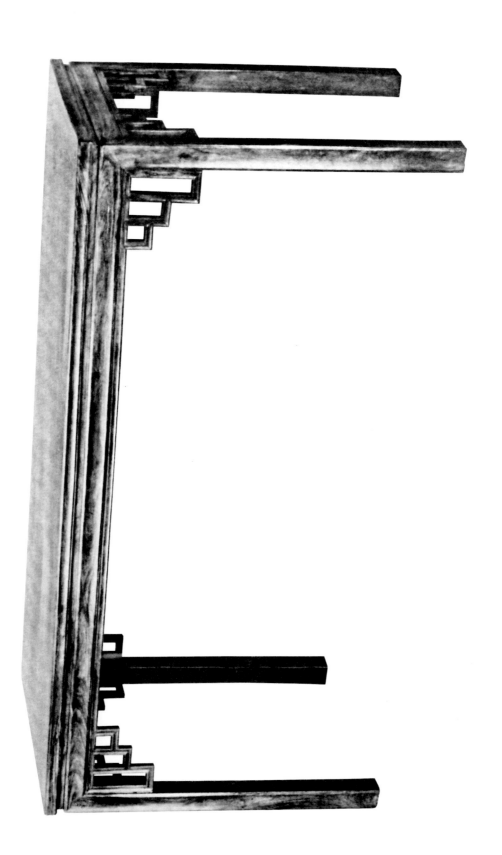

条案，黄花梨

高 86cm；面 166cm × 62cm

译注：黄花梨夹头榫束腰攒牙子画案

条案（版66）局部

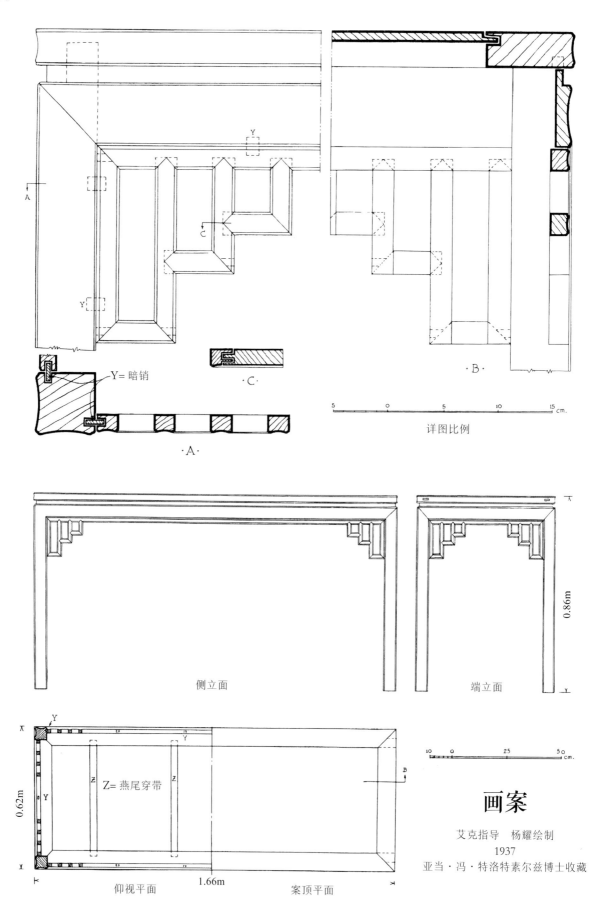

Y= 暗销

·C·

·A·

·B·

5　　　　0　　　　5　　　　10　　　　15 cm.

详图比例

侧立面

端立面

0.86m

Z= 燕尾穿带

0.62m

1.66m

仰视平面

案顶平面

10　　0　　　25　　　　50 cm.

画案

艾克指导　杨耀绘制

1937

亚当·冯·特洛特素尔兹博士收藏

书案，鸡翅木
高 85.5cm；面 177cm × 80cm

书案（仅细部），黄花梨配大理石面心
高 86.5cm；案面 107cm × 67.5cm

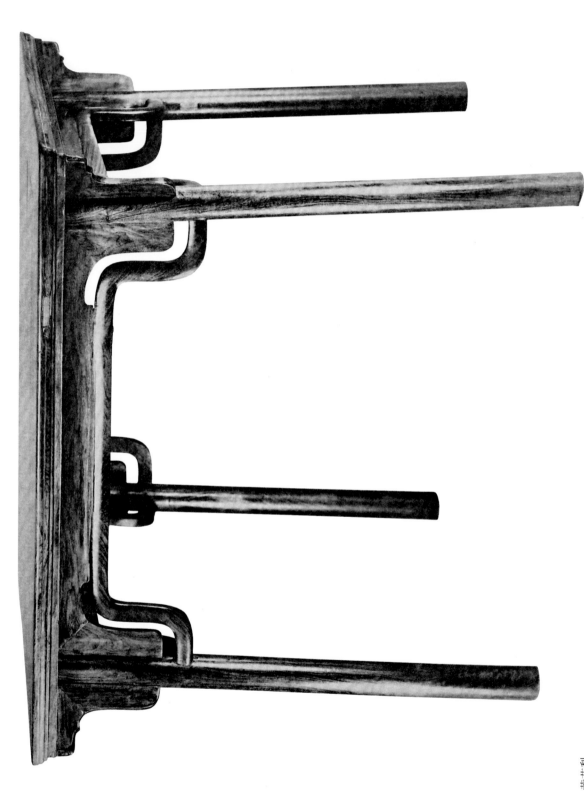

方桌，黃花梨
高 80cm；桌面 92cm × 92cm

月牙桌，黄花梨
高 78.5cm；面心直径 84cm

三屉桌，黄花梨
高 84cm；面 102 cm × 53cm

条几，黄花梨
高 83cm；面 97cm × 43.5cm

条桌，黄花梨
高 82.5cm；面 119cm × 38.5cm

条凳，黄花梨
高 31cm；面总尺寸 81cm×39cm
译注：黄花梨有束腰带翘头条几

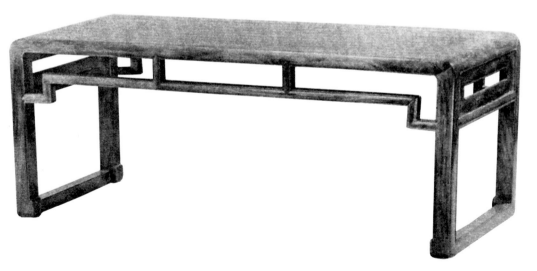

炕几，黄花梨
高 35cm；面 92cm×36cm

琴桌，黄花梨

独板面；高 79.5cm；面 123cm×39.5cm

琴桌（版75）局部

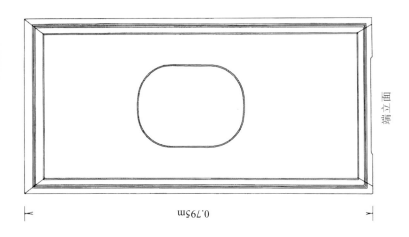

端立面

0.795m

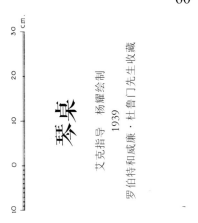

30 cm.

20

10

0

10

琴桌

艾克指导 杨耀绘制
1939
罗伯特和威廉·杜鲁门先生收藏

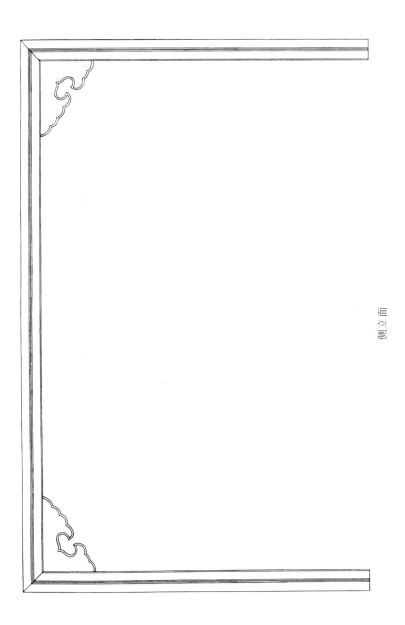

侧立面

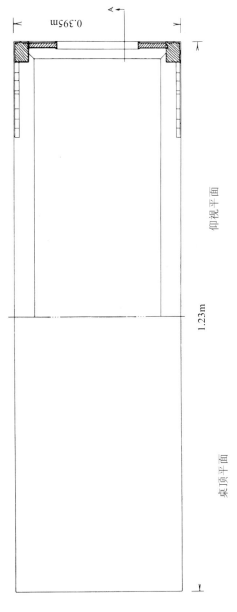

0.395m

A

仰视平面

1.23m

桌顶平面

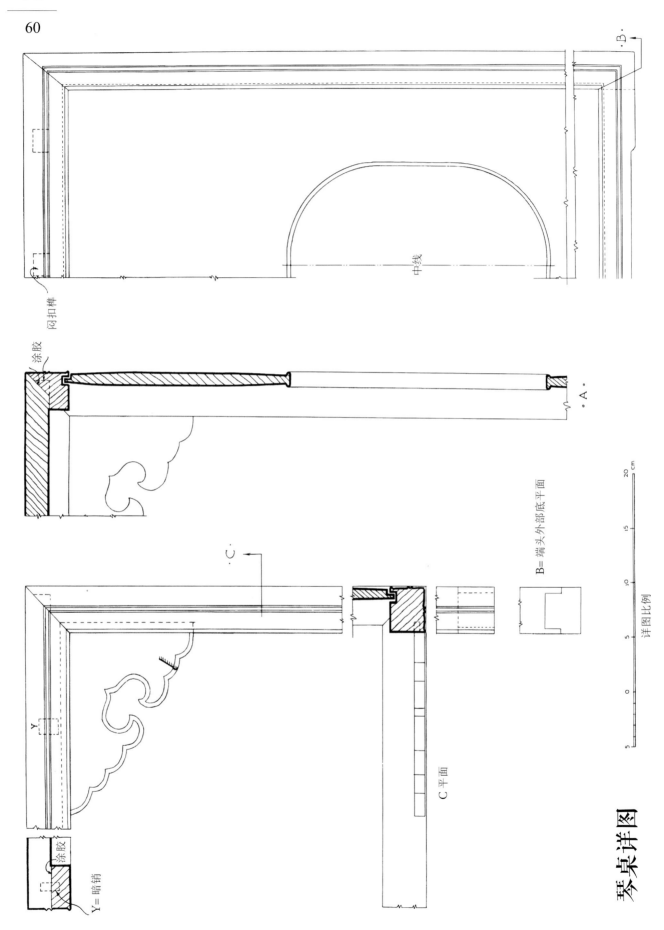

中线

闷扣榫

涂胶

A。

B。

B＝端头外部底平面

详图比例

20 cm

15

10

5

0

5

C平面

C。

Y

涂胶

Y＝暗销

琴桌详图

涂红漆和黑漆的汉代砚台座局部　　　　　　　　　　　　　　黄花梨翘头案局部

黄花梨翘头案局部

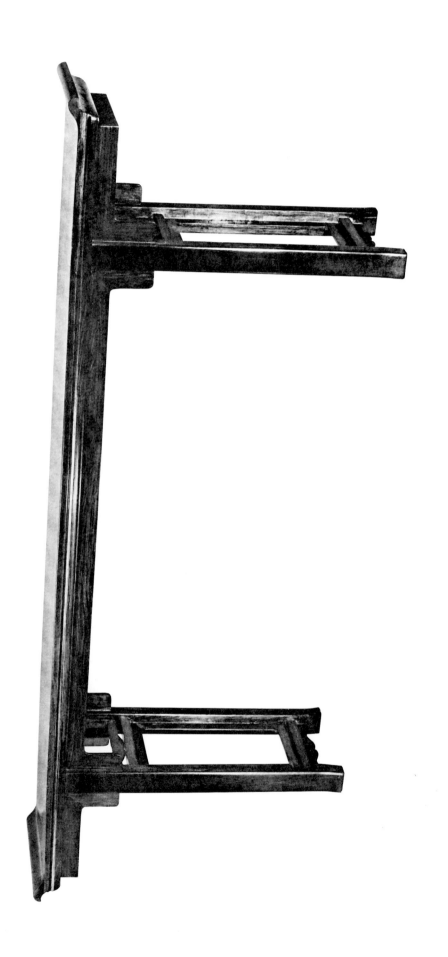

翘头案，黄花梨
高 92cm；面总尺寸 243cm × 40cm

翘头案，黄花梨

高 81cm；面总尺寸 185cm×41.5cm

翘头案，黄花梨

高 80.5cm；面总尺寸 158cm × 38cm

条凳（一对中的一件），黄花梨
高 48cm；面 121cm×35cm
译注：黄花梨夹头榫带托子春凳

黄花梨春凳（版83）局部

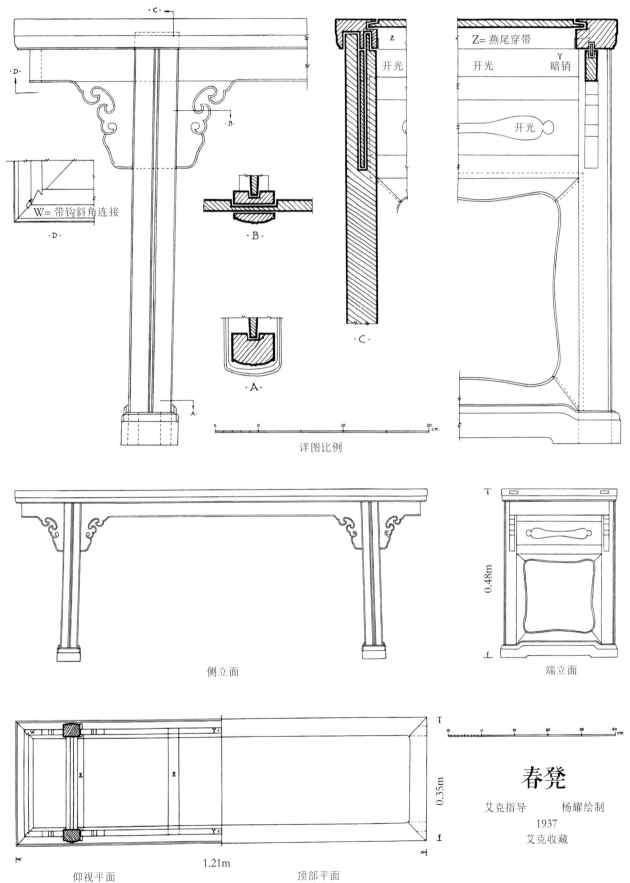

·C·

·D·

W= 带钩斜角连接

·D·

·B·

·A·

Z= 燕尾穿带

开光

开光   暗销

开光

·C·

详图比例

侧立面

端立面

0.48m

仰视平面   顶部平面

0.35m

1.21m

春凳

艾克指导   杨耀绘制
1937
艾克收藏

翘头案，黄花梨
高 84cm；面总尺寸 226cm × 52cm

翘头案, 鸡翅木（刻有日期: 1640/41, 12 月 /1 月; 面板反面刻有 "崇祯庚辰仲冬制于康署"）
高 89cm；面总尺寸 343.5cm × 50cm

平头案，黄花梨

高 85cm；面 162.5cm × 51cm

平头案（四件一套中之一件），贴竹面
高 80cm；面 184cm × 43cm

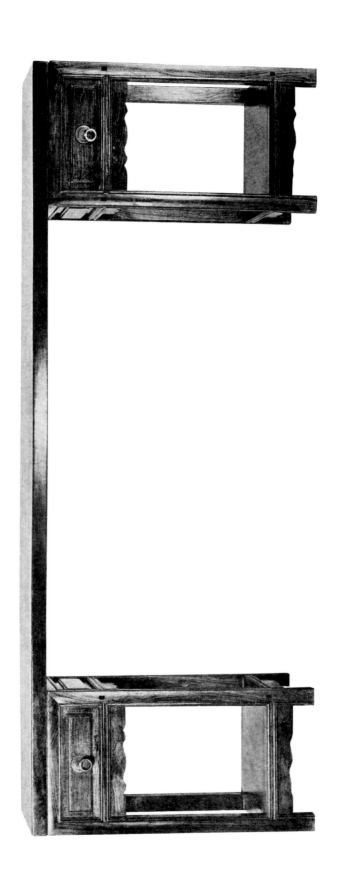

架几案，黄花梨架几，老花梨面板

通高 64cm；面板 164cm × 30cm

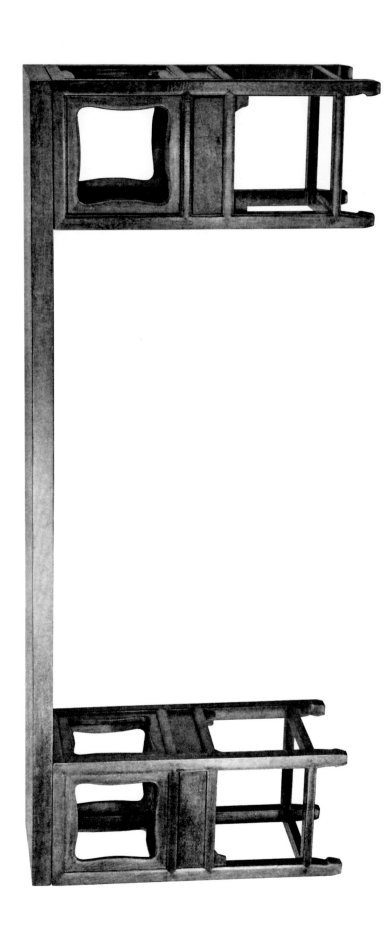

架几案，鸡翅木
通高 91cm；面板 222cm × 38cm

架几，黄花梨
高 86.5cm；面 41.5 cm × 41.5cm

机凳（版 94 右）局部

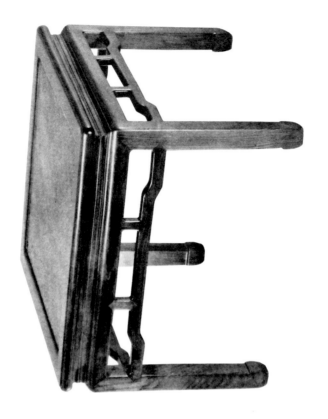

机凳（一对中的一件），红木
高 47cm；座面总尺寸 59cm × 59cm

机凳（一对中的一件），黄花梨
高 49.5cm；座面总尺寸 55cm × 46cm

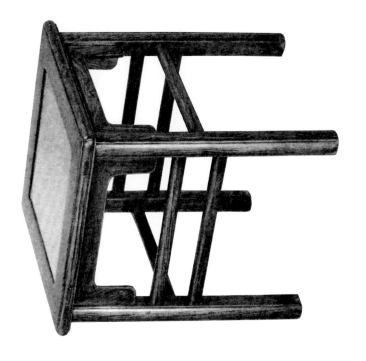

机凳（一对中的一件），黄花梨
高 52cm；座面 44cm×44cm

机凳（一对中的一件），黄花梨
座面心为板；高 50cm；座面 42cm×42cm

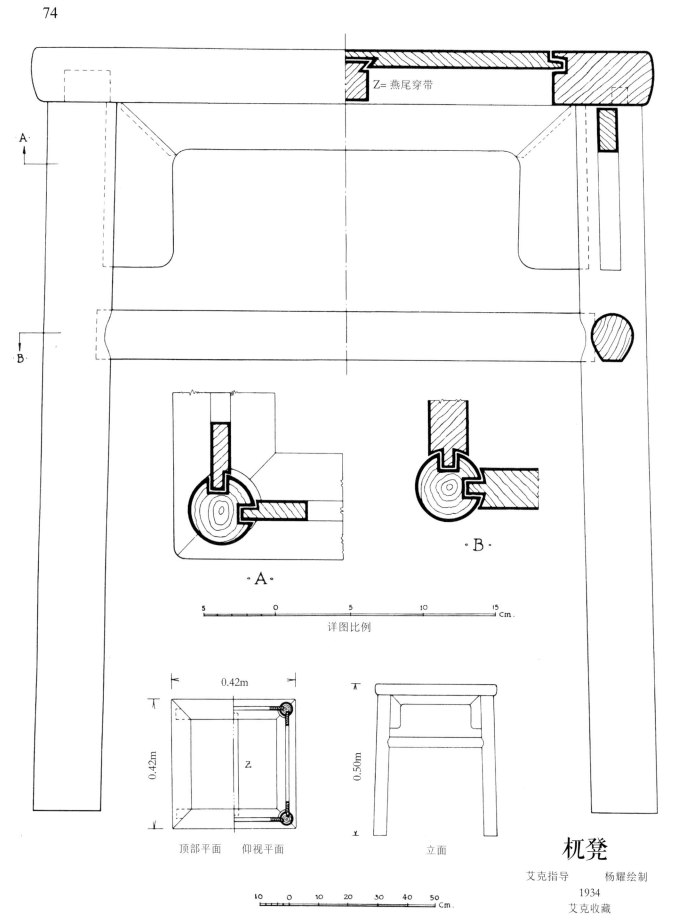

Z= 燕尾穿带

· A ·

· B ·

5   0   5   10   15   Cm.

详图比例

0.42m

0.42m

Z

0.50m

顶部平面　仰视平面

立面

杌凳

艾克指导　　杨耀绘制
1934
艾克收藏

10   0   10   20   30   40   50   Cm.

机凳，黄花梨
高 48cm；座面总尺寸 54cm × 54cm

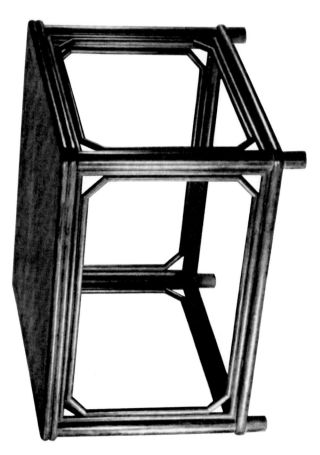

机凳，黄花梨
座面心为板；高 52.5cm；面 74cm × 63cm

官帽椅（一对中的一件），黄花梨

通高 111cm；座高 52cm；座面总尺寸 49cm × 40cm

译注：黄花梨罗锅枨矮老管脚枨灯挂椅

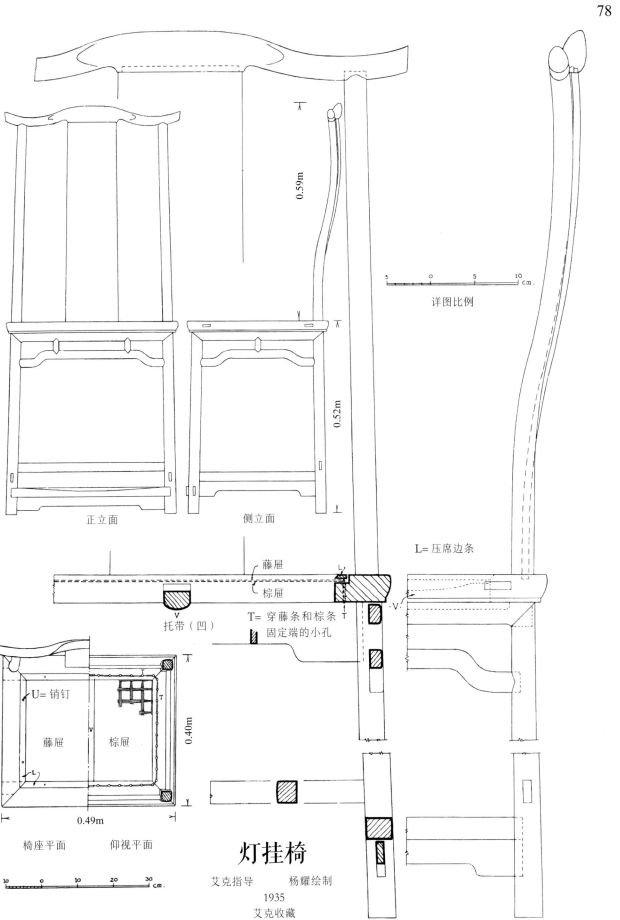

0.59m

详图比例

0.52m

正立面　　　　　　侧立面

藤屉
棕屉

托带（凹）

T= 穿藤条和棕条
固定端的小孔

L= 压席边条

U= 销钉

藤屉　　　棕屉

0.40m

椅座平面　　　仰视平面

0.49m

灯挂椅

艾克指导　　杨耀绘制
1935
艾克收藏

官帽椅（一对中的一件），黄花梨
通高 95cm；座高 44cm；
座面总尺寸 51cm×44cm
译注：黄花梨背板开光嵌瘿木靠背椅

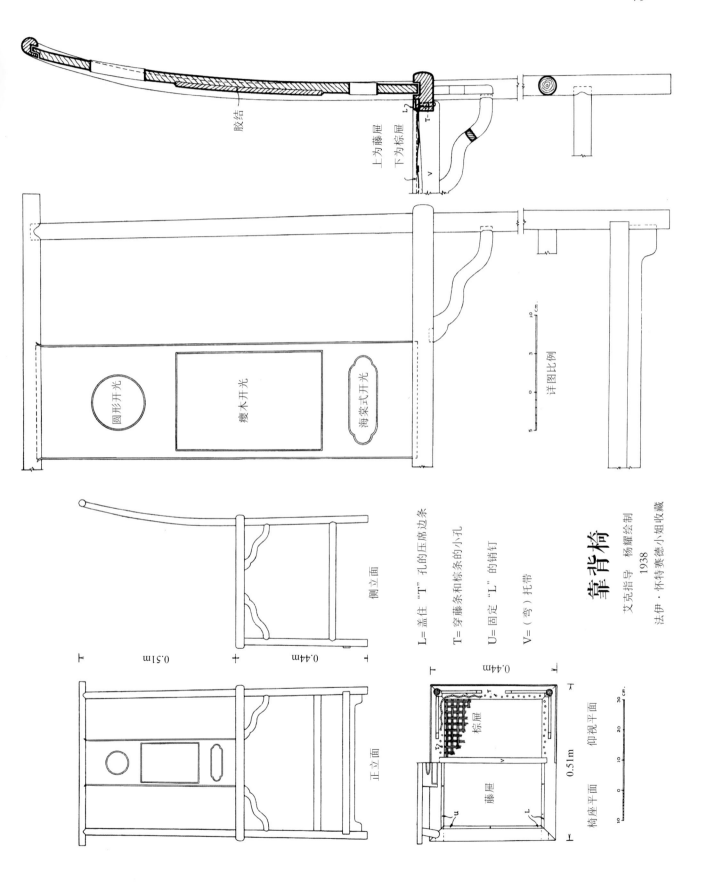

胶结

上为藤屉 下为棕屉

圆形开光

攖木开光

海棠式开光

详图比例

侧立面

0.51m

0.44m

L=盖住 "T" 孔的压席边条

T=穿藤条和棕条的小孔

U=固定 "L" 的销钉

V=（弯）托带

靠背椅

艾克指导 杨耀绘制 1938

法伊·怀特赛德小姐收藏

正立面

棕屉

藤屉

仰视平面

椅座平面

0.51m

0.44m

扶手椅（一对中的一件），黄花梨
通高 120cm；座高 51cm；座面总尺寸 58.5cm×46cm

扶手椅，黄花梨
座面为板；通高 94cm；座高 44.5cm；座面总尺寸 56cm × 43.5 cm

扶手椅（一对中的一件），黄花梨
通高 100.5cm；座高 51cm；座面总尺寸 63cm × 50cm

扶手椅（一对中的一件），黄花梨
通高 105.5cm；座高 48cm；座面总尺寸 55cm × 43.5cm

扶手椅（四件成堂之一），黄花梨
通高 105cm；座高 50cm；座面总尺寸 65cm × 49.5cm

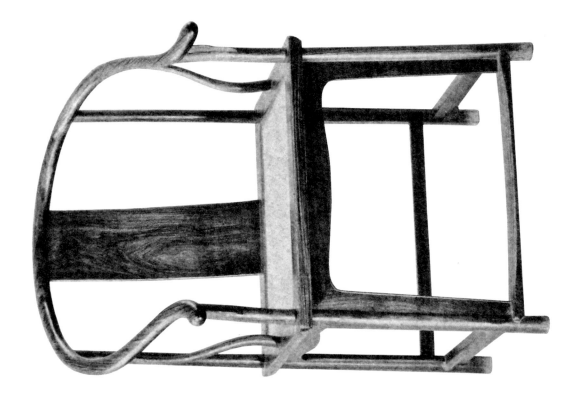

圈椅（一对中的一件），黄花梨
通高 99.5cm；座高 51cm；座面总尺寸 60cm × 47cm

圈椅（一对中的一件），黄花梨
通高 88cm；座高 48cm；座面总尺寸 59cm × 45.5cm

圈椅（一对中的一件），黄花梨

通高 102cm；座高 52cm；座面总尺寸 62cm × 48cm

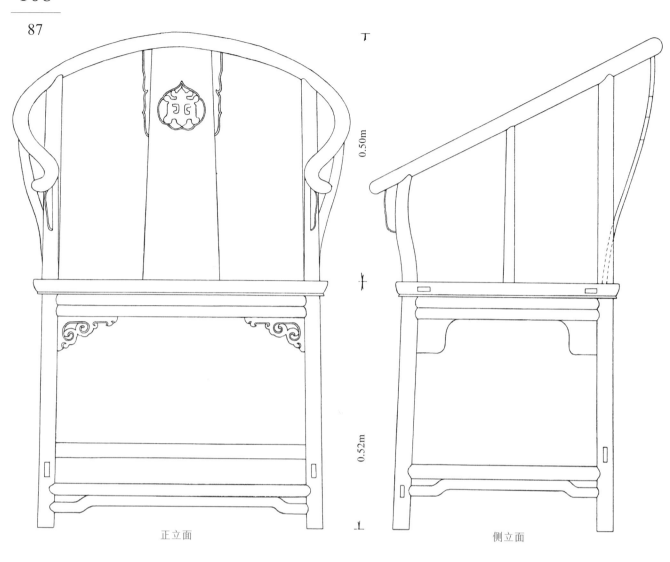

0.50m

0.52m

正立面

侧立面

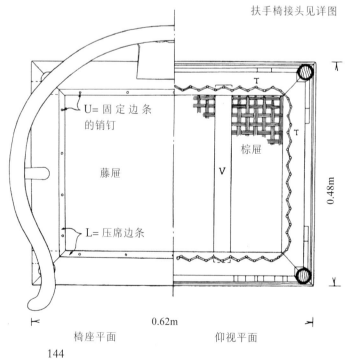

扶手椅接头见详图

U= 固定边条
的销钉

藤屉

棕屉

L= 压席边条

V

T

T

0.48m

0.62m

椅座平面

仰视平面

10　　0　　10　　20　　30　　40　　50
CD

圈椅

艾克指导　杨耀绘制
1937
艾琳·希尔利兹夫人收藏

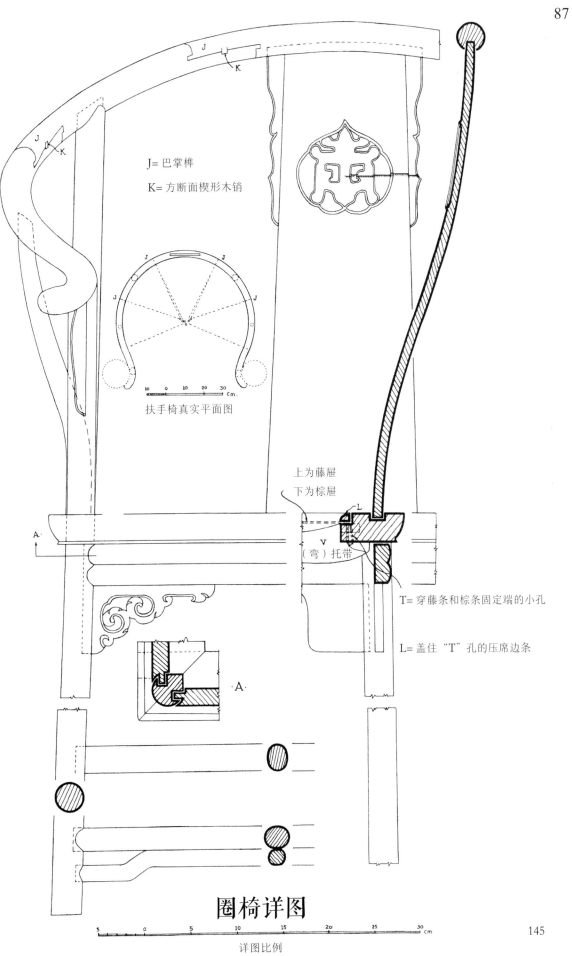

J= 巴掌榫

K= 方断面楔形木销

扶手椅真实平面图

上为藤屉

下为棕屉

（弯）托带

T= 穿藤条和棕条固定端的小孔

L= 盖住"T"孔的压席边条

A.

圈椅详图

详图比例

扶手椅（一对中的一件），黄花梨

通高 82cm；座高 49cm；座面总尺寸 62cm × 41cm

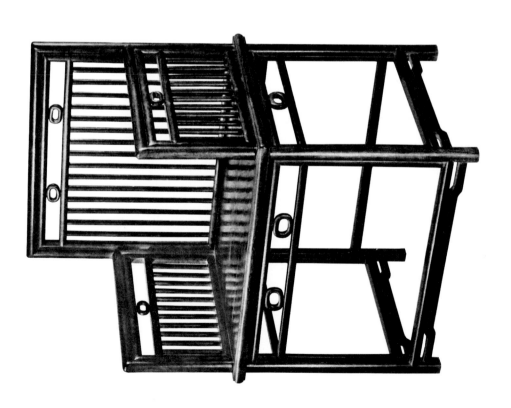

扶手椅（一对中的一件），红木

座面为板；通高 91cm；座高 51cm；座面总尺寸 66cm × 50cm

书柜（一对中的一件），黄花梨

高 189cm；柜顶面 98cm×53cm

书柜（一对中的一件），黄花梨
高 172cm；柜顶面 99cm × 54cm

书柜（一对中的一件，仅有细部），黄花梨
足高（包括牙板）28cm；面页长30cm

书柜（一对中的一件），黄花梨带瘿木柜门心
高 125cm；柜顶面 75cm × 45cm
译注：黄花梨无柜膛圆角柜

书柜（一对中的一件），黄花梨
高 153cm；柜顶面 74cm × 40cm

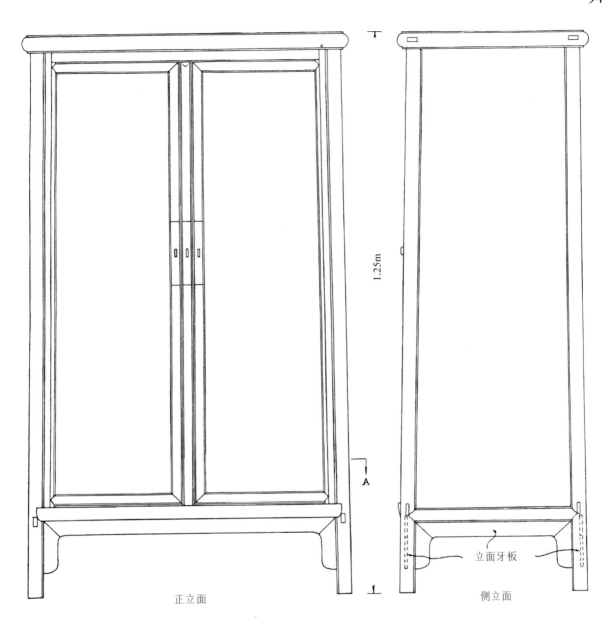

1.25m

A

正立面

立面牙板

侧立面

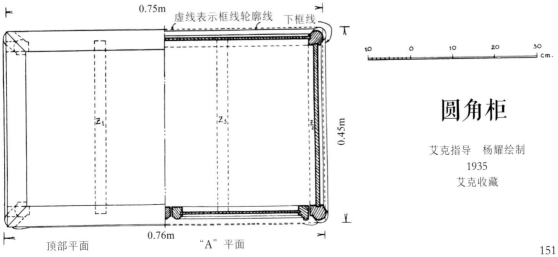

0.75m
虚线表示框线轮廓线　下框线

z_1　　z_3

0.45m

0.76m

顶部平面　　　"A"平面

10　　　0　　　10　　　20　　　30
cm.

圆角柜

艾克指导　杨耀绘制
1935
艾克收藏

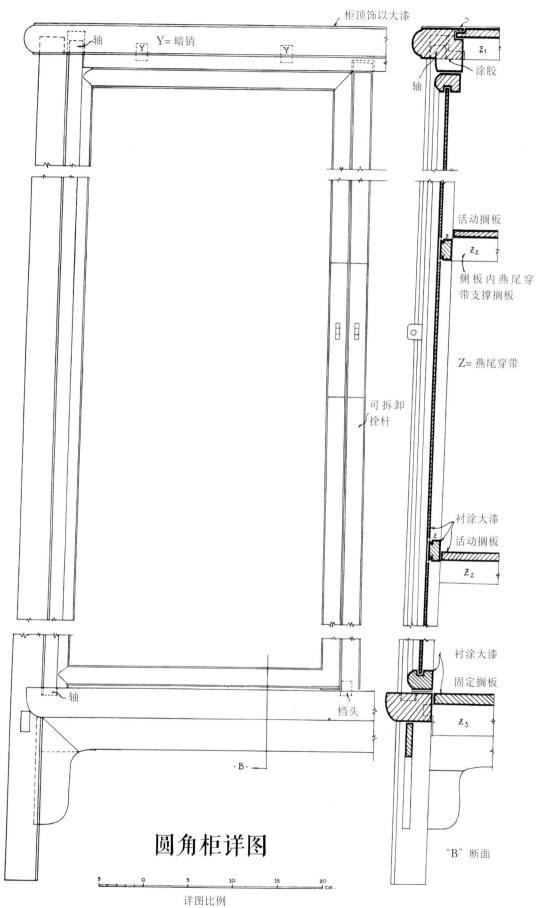

柜顶饰以大漆

轴　　Y = 暗销　　Y

Z_1

涂胶

轴

活动搁板

Z_2

侧板内燕尾穿带支撑搁板

Z = 燕尾穿带

可拆卸拴杆

衬涂大漆

活动搁板

Z_2

轴

档头

衬涂大漆

固定搁板

Z_3

·B·

"B"断面

圆角柜详图

详图比例

书柜（一对中的一件），楠木带瘿木柜门心。
高 186cm；柜顶面 100.5cm × 54cm

书柜（一对中的一件，开门即显示其内部功能的排列），
楠木带瘿木柜门心
高 181.5cm；柜顶面 96.5cm × 54cm

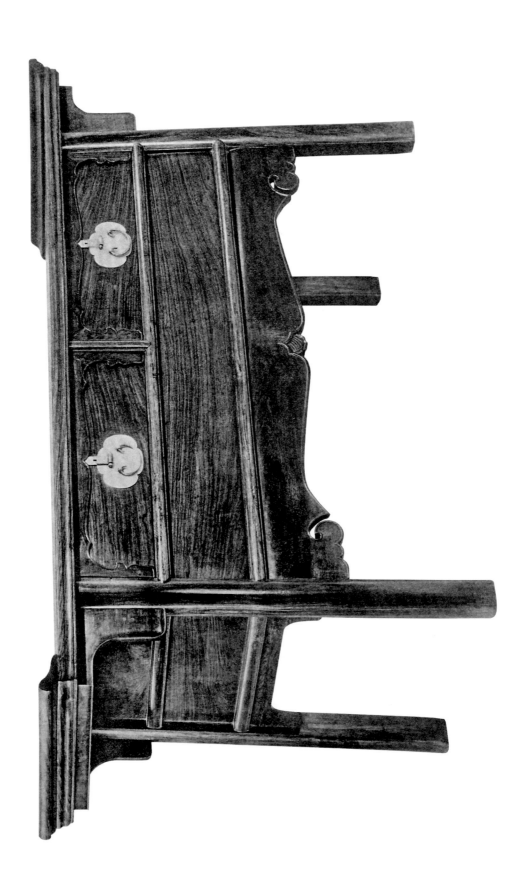

闷户橱，黄花梨

顶板高 90cm；面板总尺寸 170cm × 57cm

译注：黄花梨带翘头联二橱

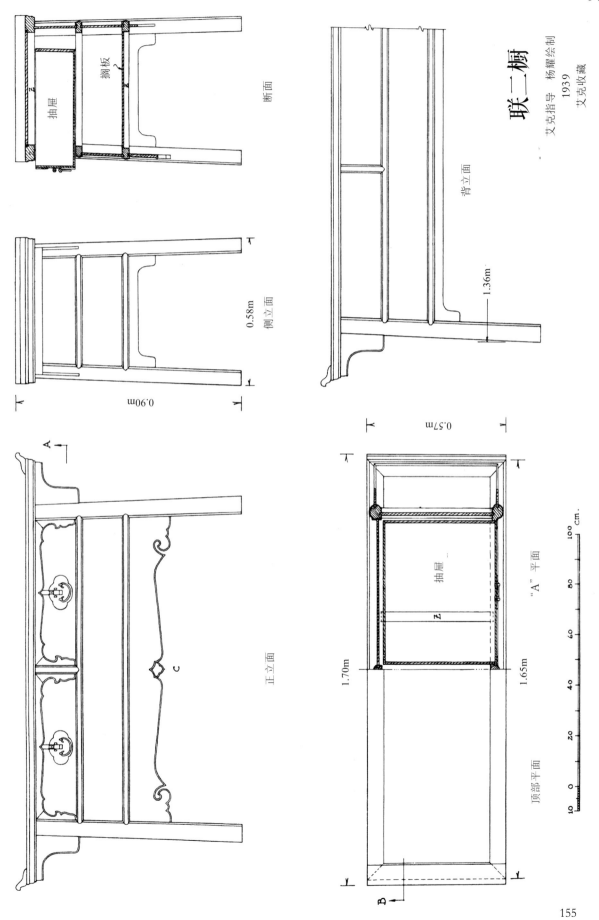

断面

抽屉

摘板

侧立面

0.58m

0.90m

背立面

1.36m

联二橱

艾克指导 杨耀绘制 1939
艾克收藏

0.57m

正立面

C

"A" 平面

抽屉

Z

1.70m

1.65m

顶部平面

B

cm.

0 20 40 60 80 100

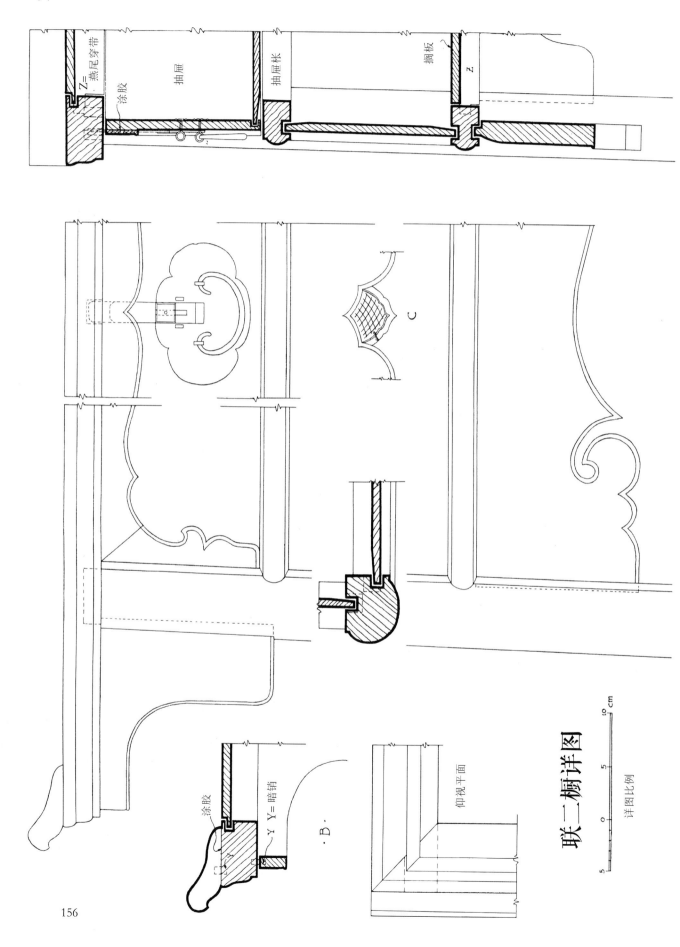

燕尾穿带

涂胶

抽屉

抽屉帮

搁板

Z

涂胶

Y=暗销

·B·

仰视平面

联二橱详图

详图比例

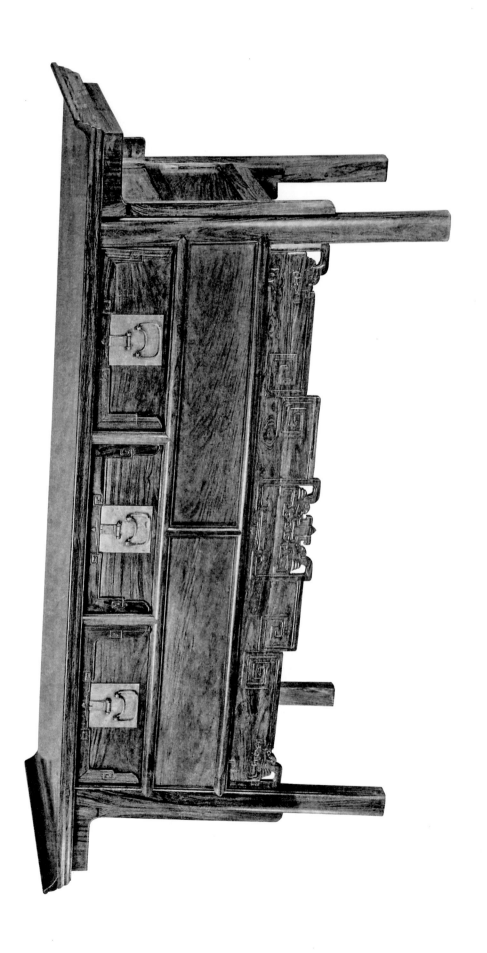

闷户橱，黄花梨

顶板高 83cm；面板总尺寸 190cm × 62cm

译注：黄花梨带翘头雕花联三橱

柜橱，黄花梨
高 86cm；面板 128cm × 54cm
译注：黄花梨素面三屉柜橱

联二橱，黄花梨
高 85cm；面板总尺寸 139cm × 49cm

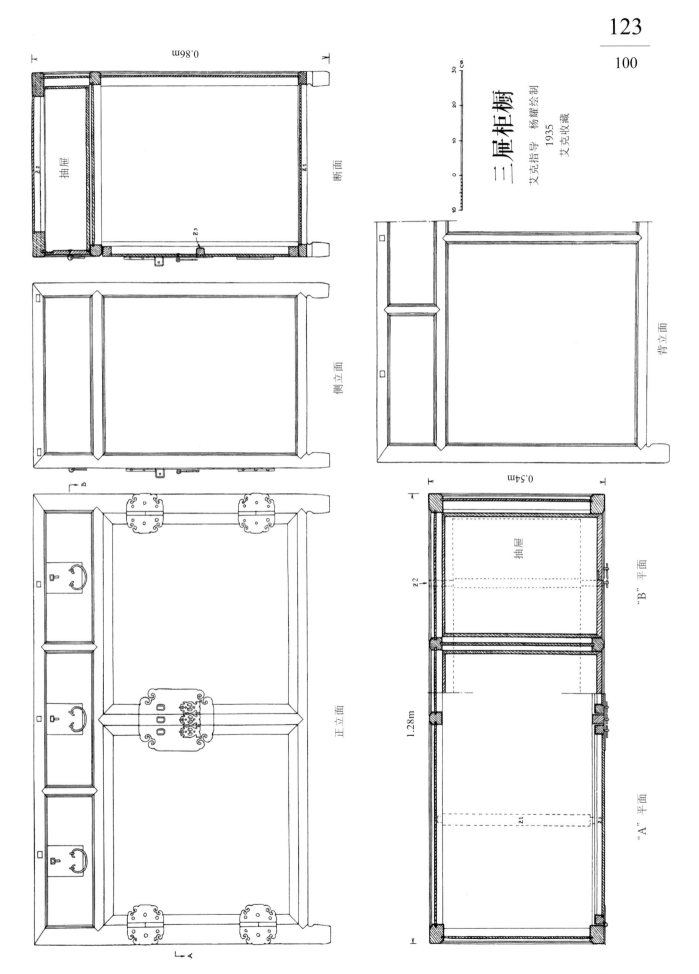

断面

侧立面

正立面

三屉柜橱

艾克指导 杨耀绘制
1935
艾克收藏

背立面

"B" 平面

"A" 平面

0.86m

0.54m

1.28m

抽屉

抽屉

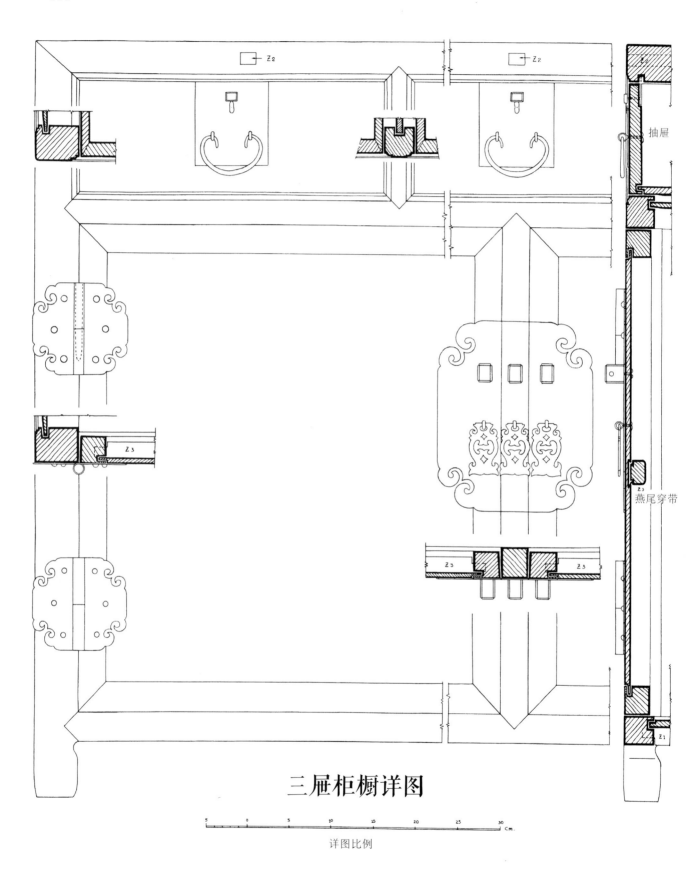

抽屉

燕尾穿带

Z3 Z3

三屉柜橱详图

四件柜，黄花梨

主柜高 180.5cm；顶箱高 80cm；单件柜顶面 104.5cm × 54.5cm

顶竖柜（一对中的一件），黄花梨
主柜高 206.5cm；顶箱高 74cm；
柜顶面 172.5cm×71cm

顶竖柜（一对中的一件），黄花梨

主柜高 185cm；顶箱高 92cm；柜顶面 142cm×71cm

译注：黄花梨顶箱柜

艾克指导　杨耀绘制

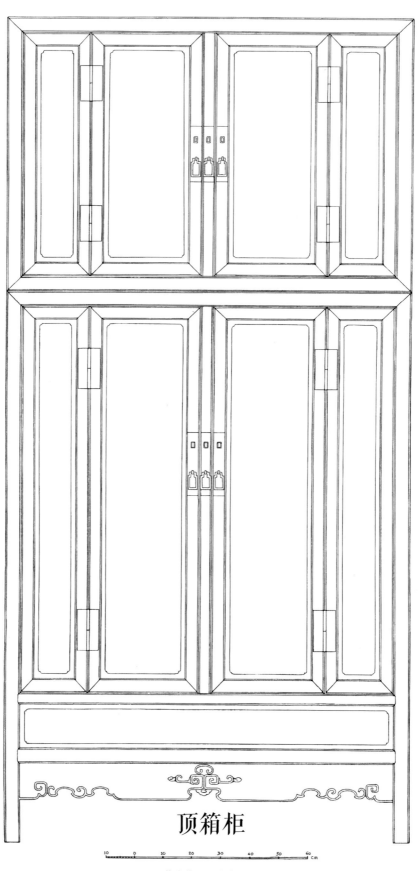

顶箱柜

艾克指导　杨耀绘制
1936
艾克收藏

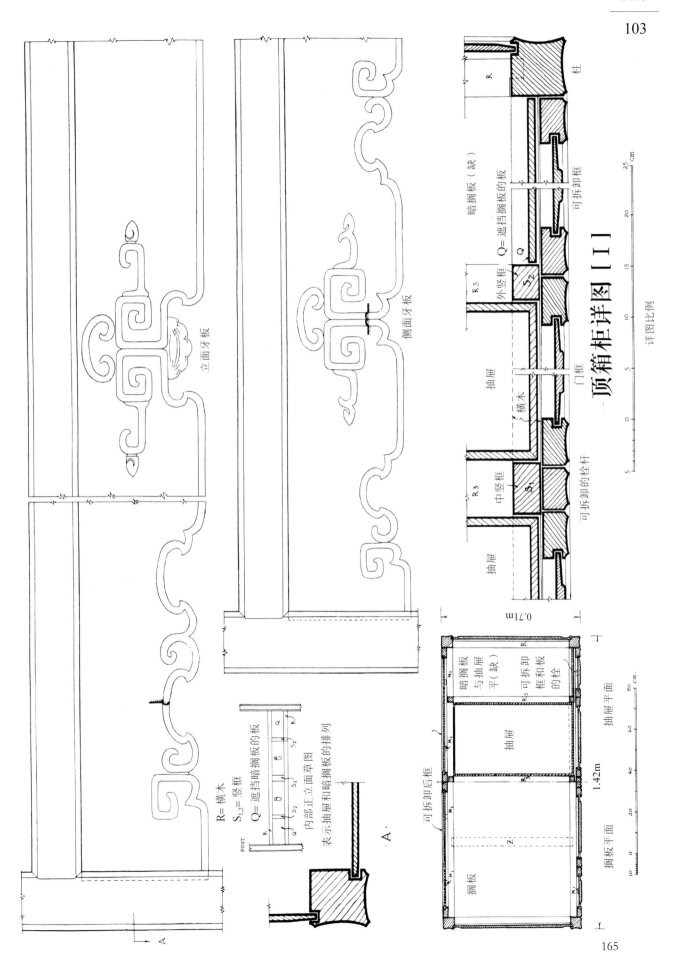

立面牙板

侧面牙板

R＝横木

S$_{1,2}$＝竖框

Q＝遮挡暗搁板的板

内部正立面草图
表示抽屉和暗搁板的排列

·A·

顶箱柜详图［Ⅰ］

详图比例

柱

暗搁板（缺）

可拆卸框

Q＝遮挡搁板的板

外竖框

抽屉

门框

横木

可拆卸框的栓杆

中竖框

抽屉

0.71m

暗搁板
与抽屉
平（缺）

可拆卸板
框和板
的栓

可拆卸后框

抽屉

1.42m

搁板平面

抽屉平面

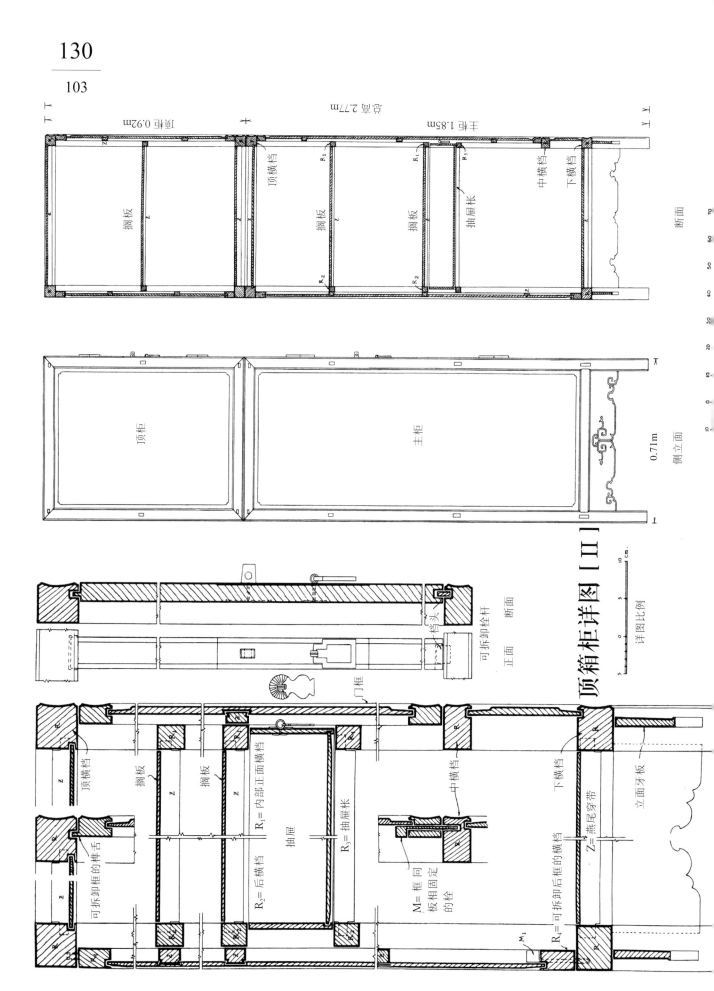

顶箱箱柜详图 [Ⅱ]

书柜（一对中的一件），黄花梨

高 198.5cm；柜顶面 115cm×51cm

译注：黄花梨方角柜

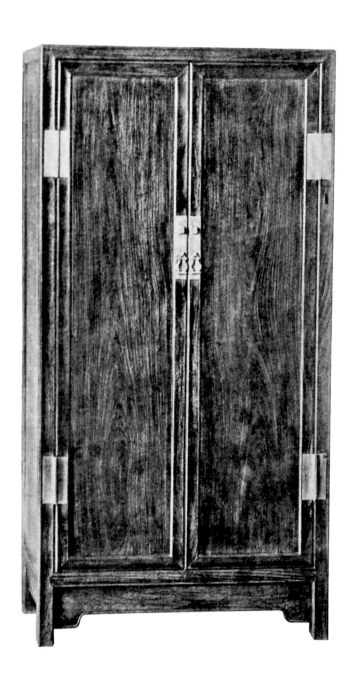

书柜（一对中的一件），黄花梨
高 160cm；柜顶面 82cm×47cm
译注：黄花梨方角柜

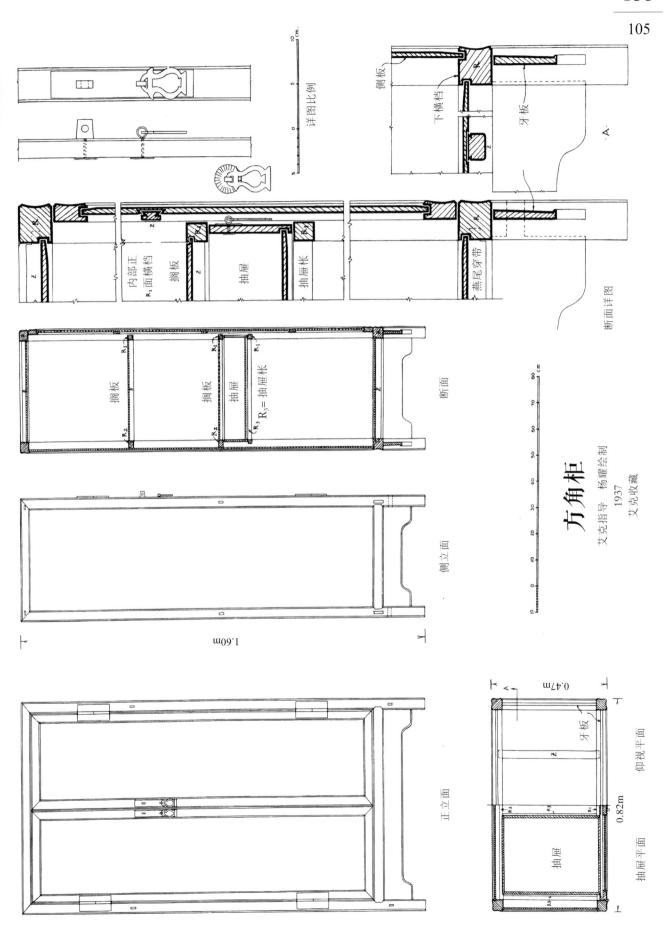

方角柜

艾克指导　杨耀绘制
1937
艾克收藏

橱柜，黄花梨
主柜高 86.5cm；
顶箱高 68.5cm；
主柜顶面 73cm × 58cm；
顶箱柜面 69.5cm × 54.5cm

药橱，黄花梨

高 58cm；顶面 55cm × 35cm

下图表示橱门打开后，成排的抽屉和中间安放佛像之凹处

药橱，黄花梨
高 33cm；面 31cm × 22.5cm

药箱，黄花梨
燕尾榫；高 39cm；面 37.5cm × 31cm

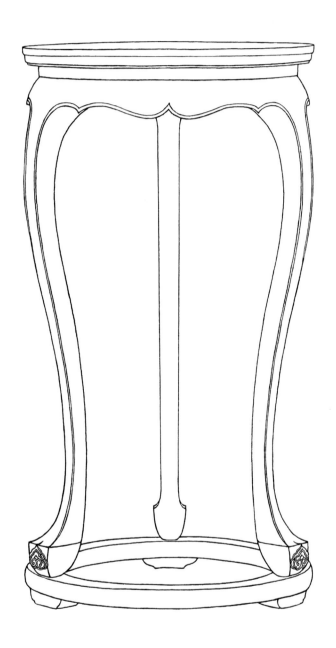

三足圆香几，黄花梨

通高 87cm；几面直径 47.5cm

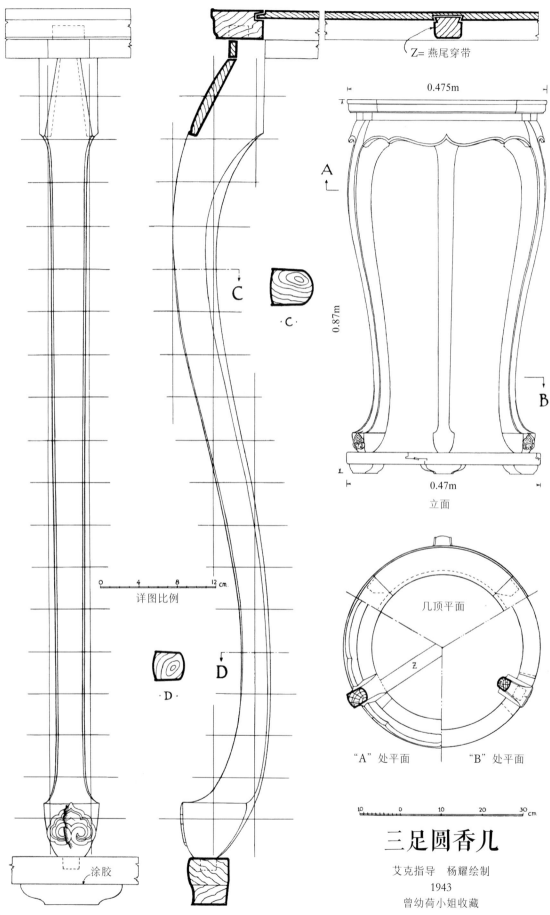

Z=燕尾穿带

0.475m

A

0.87m

B

0.47m

立面

几顶平面

Z

"A"处平面   "B"处平面

C

·C·

D

·D·

0   4   8   12 cm

详图比例

涂胶

10   0   10   20   30 cm

三足圆香几

艾克指导　杨耀绘制
1943
曾幼荷小姐收藏

五足圆香几，滇楠
通高 91cm；几面直径 38cm

五足圆香几（版 139）局部

鼓儿墩，红木
高 51.5cm；墩面直径 37.5cm

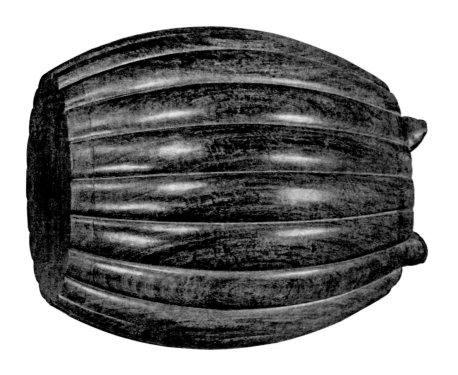

瓜棱墩，黄花梨
高 41cm；墩面直径 26cm

烛台，黄花梨
高 163.5cm

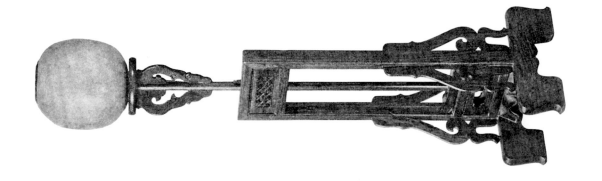

烛台，黄花梨
高（未伸长）126cm

烛台，紫檀
高 149cm

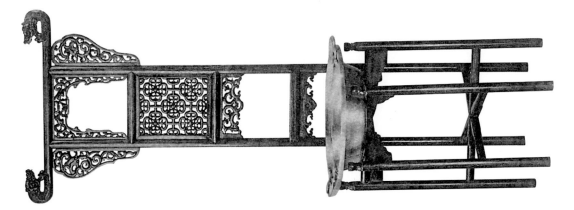

盆架，黃花梨
搭腦高 180cm

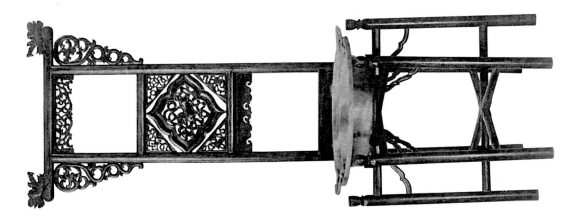

盆架，黃花梨
搭腦高 170cm

盆架，黄花梨
搭脑高 167.5cm

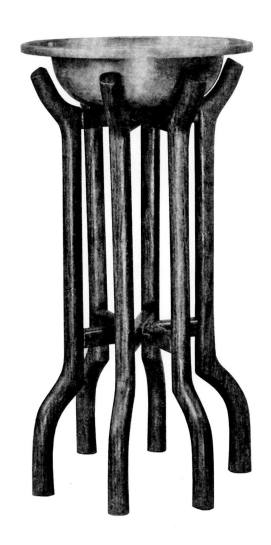

架子，黄花梨
通高 70cm

衣架，黄花梨

搭脑高 166.5cm；通高 175.5cm；足距宽 55.5cm

衣架，黄花梨
搭脑高 168.5cm；通高 176cm；足距宽 47.5cm

黄花梨盆架（版 143 左）局部

黄花梨盆架（版 143 右）局部

黄花梨盆架（版144）局部

黄花梨衣架（版147）局部

黄花梨盆架（版144）局部

黄花梨衣架（版147）局部

黄花梨盆架（版 144）局部

黄花梨盆架（版 143 左）局部

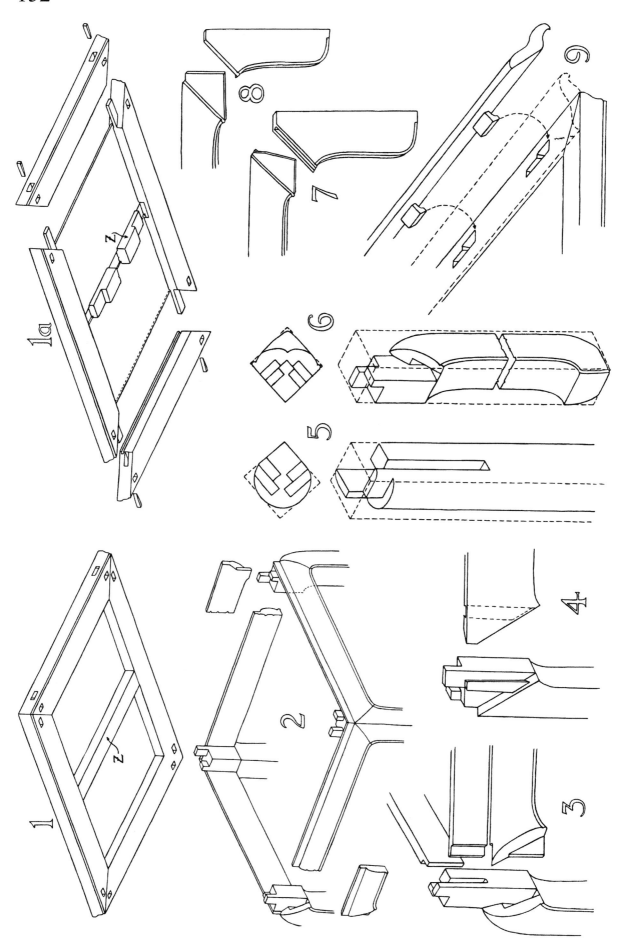

榫卯 1—9

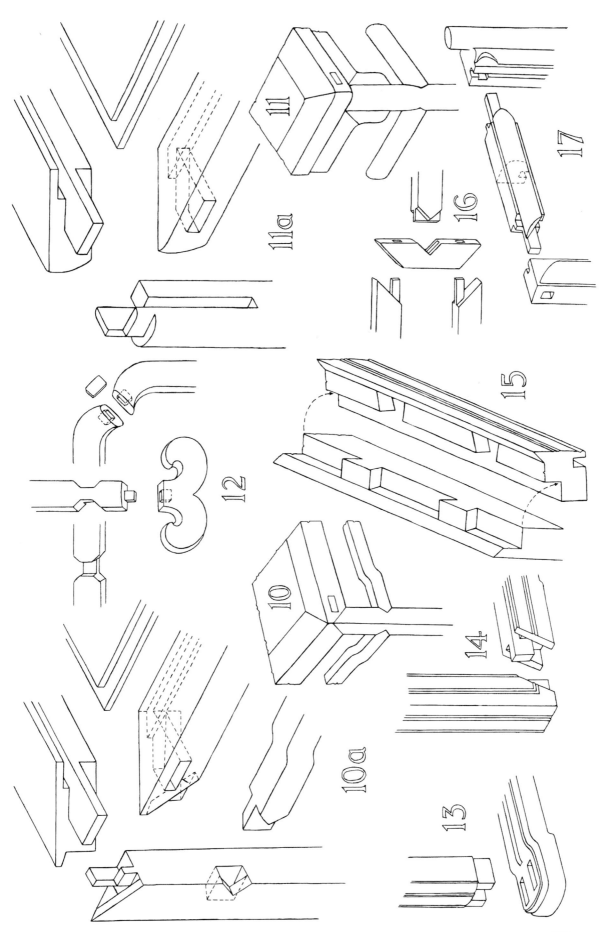

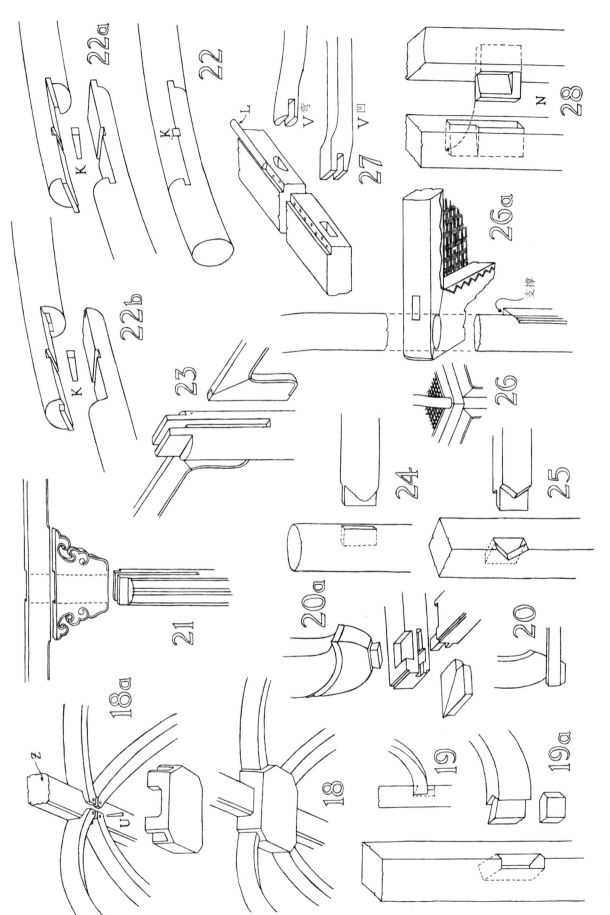

榫卯 18—28

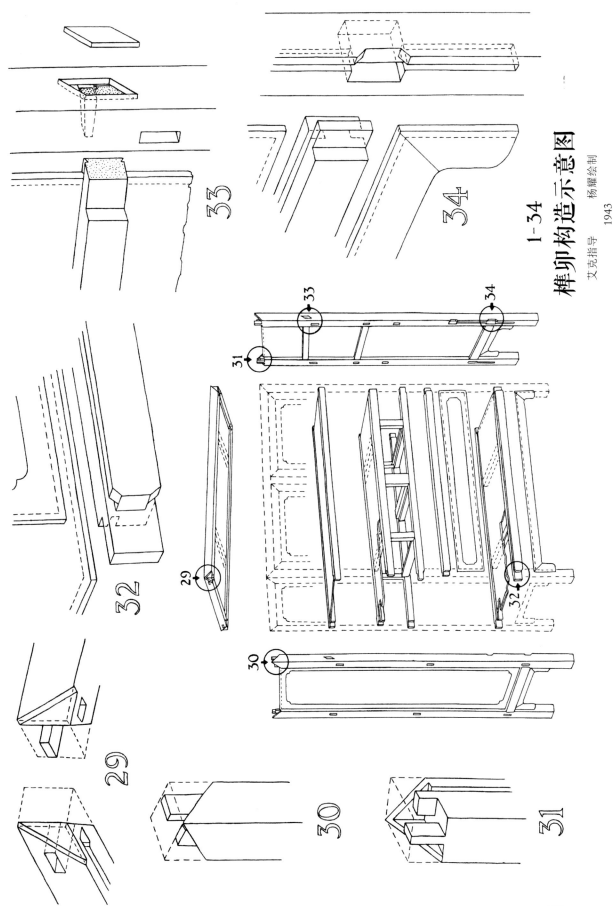

1-34
榫卯构造示意图
艾克指导 杨耀绘制
1943

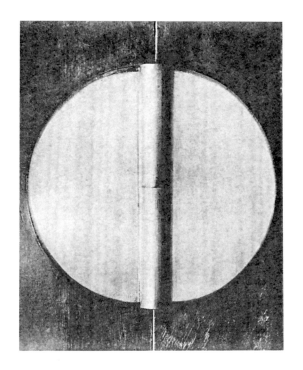

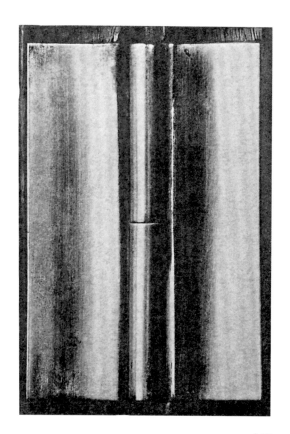

合页

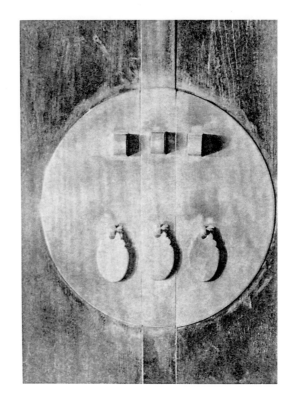

面页

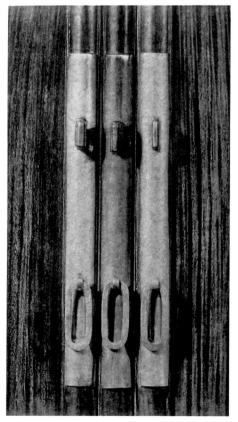

面页

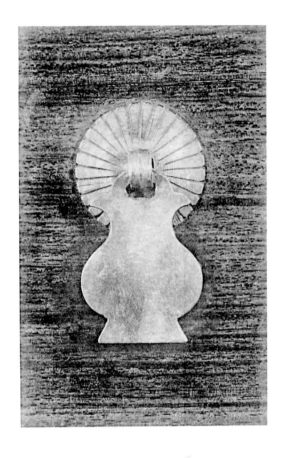

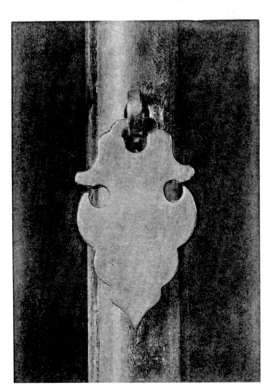

拉手和吊牌

拉手和吊牌

附录图　16世纪福建泉州朱家祠堂，挂有匾额和画像
（注意：镂空的绦环板，直棂槅扇和简约的家具。作者摄于1927年）

参考文献

博希曼，欧内斯特（Boerschmann, Ernst）

I. 《中国建筑艺术和宗教文化》（*Die Baukunst und Religiöse Kultur der Chinesen*），卷 I，柏林，1911。

II. 《中国建筑艺术和风景》（*Baukunst und Landschaft in China*），柏林，1923，（版263）。

布雷施奈德，埃米尔·V.（Bretschneider, Emil V.）

III. 《中国植物学：关于本地和西方资料中的中国植物学笔记》（*Botanicon Sinicum, Notes on Chinese Botany from Native and Western Sources*）第二部分，上海，1892，（第375页）。

赵汝适

IV. 《诸蕃志》，F. 赫斯和 W. W. 洛克希尔译，圣彼得堡，1911，（第212页）。

克代，乔治（Coedés, Georges）

V. 《暹罗金漆艺术》（*L'art de la laque dorée au Siam*），载《亚洲艺术评论》，卷 II，第3册，1925，第3页之后，（版2）。

杜邦，莫里斯（Dupont, Maurice）

VI. 《中国家具》（*Les meubles de la Chine*），第二辑，巴黎，1926。

达埃，丹尼尔希茨（Dye, Daniel Sheets）

VII. 《格子细木工入门》（*A Grammar of Chinese Lattice*），两卷，坎布里奇，麻省，1937。

艾克，古斯塔夫（Ecke, Gustav）

VIII. 《六张十八世纪北京室内布置图》（*Sechs Schaubilder Pekinger Innenräume des Achtzehnten Jahrhunderts*），载《北京辅仁大学校刊》第9期，1934年11月，第155页以后。

IX. 《折叠椅的变化：欧亚椅子形式发展史短评》（*Wandlungen des Faltstuhls, Bemerkungen zur Geschichte der Eurasischen Stuhlform*），载《中国文物古迹》，卷 IX，1944，第34页以后。（本书图20取自该书图10，见注25）

X.《奥斯卡·特拉乌特曼收藏品中的早期中国青铜器》(*Frühe Chinesische Bronzen aus der Sammlung Oskar Trautmann*)，北京，1939。(本书图 22 取自该书版 1)

冯欧德贝格康斯顿，埃琳娜(Erdberg Consten, Eleanor von)
XI.《白云观中的老子塑像》(*A Statue of Lao-tzu in the Po-yün-kuan*)，载《中国文物古迹》，卷 VII，1942，第 235 页以后。(本书图 25 取自该书第 240 页上的插图，一块元代花板，由 E. V. E. 康斯顿描自石刻原件)

弗格森，约翰·C.(Ferguson, John C.)
XII.《中国家具》(*Chinese Furniture*)，载《中国艺术概观》，上海，1939，第 109 页以后，(图 177)。

福尔纳，阿道夫(Feulner, Adolf)
XIII.《家具艺术发展史》(*Kunstgeschichte des Möbels*)，第 3 版，柏林，1927。(本书图 21 画自该书图 207)

菲歇尔，奥托(Fischer, Otto)
XIV.《汉朝的中国绘画》(*Die Chinesische Malerei der Han-Dynastie*)，柏林，1931。(版 32/33，石雕，可能为公元 1 世纪，源自山东金祥县朱鲔祠堂。注意：其格角榫连接框架结构)

傅芸子(Fu Yün-tzu)
XV.《正仓院考古记》，东京，1941。(本书图 10 按第 92 页上图 24 复制)

格鲁塞，勒内(Grousset, René)
XVI.《东方文化》(*Les civilisations de l'Orient*)，卷 III，《中国》，巴黎，1930。(本书卷首题句取自该书第 2 页)

滨田耕作
XVII.《泉屋清赏》(*Senoku seisho*)《住友男爵收藏的古青铜器》，续编第 1 部分，京都，1926。(本书图 16 取自该书版 192)

原田尾山
XVIII.《支那名画宝鉴》(*Shina meiga hokan*)，东京，1936。(版 11)

霍夫曼，K. A.(Hofmann, K. A.)
XIX.《无机化学教科书》(*Lehrbuch der Anorganischen Chemie*)，布伦瑞克，1920，(第 623 页)。

霍莫尔，鲁道夫·P.(Hommel, Rudolf P.)
XX.《中国手工艺》(*China at Work*)，纽约，1937。

霍顿，亨利·S.(Houghton, Henry S.)
XXI.《家具用材》(《主要种类……用于中国北方细木工》)〔*Cabinet Woods (The Principal Types... used in North China for Fine Joinery*)〕，手稿，北京，1941。

黄濬
XXII.《邺中片羽》，第三集，北京，1942。(本书图 12 取自第 1 卷，张数号 16，封底)

容庚

XXIII.《商周彝器通考》，两卷，北平，1941，（卷 2，第 98 页）。

凯林，鲁道夫（Kelling, Rudolf）

XXIV.《中国住宅》（*Das Chinesische Wohnhaus*），东京，1935。

梁思成和刘致平

XXV.《店面》（建筑设计参考图集第三集），中国营造学社，北平，1935。

XXVI.《藻井》（建筑设计参考图集第十集），北平，1937，（版 9 和 24 左）。

麟庆

XXVII.《鸿雪因缘图记》，1847 年版，三集 6 卷。（本书图 2 是按第 2 期第 1 卷《南阳访旧》复制）

马斯比洛，亨利（Maspero, Henri）

XXVIII.《汉代中国民间生活》（*La vie privée en Chine à l'époque des Han*），载《亚洲艺术评论》，卷 VII，第 4 册，1932，第 185 页之后。

大村西崖

XXIX.《文人画选》（*Bunjinga sen*），第二辑第一册，东京，1922。（本书图 17 画自《伏生授经图》之版 1，王维画）

赖希瓦因，阿道夫（Reichwein, Adolf）

XXX.《18 世纪的中国和日本》（*China und Japan im Achtzehnten Jahrhundert*），柏林，1923，（版 12）。

赖德迈斯特，利奥波德（Reidemeister, Leopold）

XXXI.《大选帝侯和弗里德里希，东亚艺术品收藏家》（*Der Grosse Kurfürst und Friedrich III. als Sammler Ostasiatischer Kunst*），载《东亚杂志》，新系列第 8 期年度出版物，1932，第 175 页之后，（版 23）。

XXXII.《勃兰登堡选帝侯艺术陈列室中的中国和日本》（*China und Japan in der Kunstkammer der Brandenburgischen Kurfürsten*），展览目录，柏林，1932，（第 21 页）。

罗什，奥迪隆（Roche, Odilon）

XXXIII.《中国的家具》（*Les meubles de la Chine*），第一辑，巴黎，1925。

沈复

XXXIV.《浮生六记》，林语堂译，载《天下月刊》，卷 I，第 1—4 期，1935 年 8—11 月；上海西风社以中文本一起重印，1941。

斯洛曼，威廉（Slomann, Wilhelm）

XXXV.《18 世纪中国家具》（*Chinesische Möbel des Achtzehnten Jahrhunderts*），《万神庙》，1929 年卷，第三册，3 月，第 142 页之后。

唐燿

XXXVI.《中国南方一些重要硬木宏观构造的鉴定》，载《方氏纪念生物研究院院刊》，卷 III，第 17 期，北平，1932 年 11 月，（第 300 页）。

富田小次郎

XXXVII. 波士顿美术馆,《馆藏中国画选集（汉至宋）》〔*Portfolio of Chinese Paintings in the Museum（Han to Sung Periods）*〕,说明文由富田小次郎撰写,坎布里奇,麻省,1933,（版48）。

章一畴和 J. 哈金（J. Hackin）

XXXVIII.《吉美博物馆内的中国画》（*La peinture chinoise au Musée Guimet*）,巴黎,1910。（本书图5取自版1上）

梅原末治

XXXIX.《支那古铜精华》（*Shina kodo seikwa*）第I部分,青铜器,卷1,大阪,1933。（本书图3绘自版9）

沃特森,欧内斯特（Watson, Ernest）

XL.《中国商业主要物品》（*The Principal Articles of Chinese Commerce*）,海关,II,特辑；第38号,第2版,上海,1930。

陈焕镛

XLI.《中国经济树木》,1921,（第187页）。

午荣和章严

XLII.《鲁班经》,晚明版。（本书图1取自卷2,张数号22,正面）

叶茨,W. 帕西弗尔（Yetts, W. Perceval）

XLIII.《乔治·欧莫福波洛斯中国和朝鲜青铜器收藏品目录……》（*The George Eumorfopoulos Collection Catalogue of the Chinese and Corean Bronzes...*）,三卷,伦敦,1929—1932。（本书图9绘自卷II,版58）

无名氏

XLIV.《美术研究》〔*Bijutsu kenkyu（The Journal of Art Studies）*〕,第XXV期,1934年1月。（本书图19绘自版2）

XLV. 第XCI期,1939年7月。（本书图4改绘自版1,一位日本画家按唐代风格所画的《孔子像》,以及前文波士顿《选辑》。（XXXVII）版48,北京黄濬先生收藏的公元723年的青铜禁台的照片）

XLVI.《金瓶梅词话》,北平图书馆影印本。（本书卷首插图改绘自该书插图97左页）

XLVII.《清宫珍宝百美图》,五卷,珂罗版,约1930年。

XLVIII.《中国艺术国际展览目录》（*Catalogue of the International Exhibition of Chinese Art, 1935-1936*）,1935—1936,第5版,伦敦。（本书图15绘自第63号）

XLIX.《故宫周刊》,第359期,1934年6月16日。（本书图24改绘自该书第916页复制的元代版本《事林广记》的一张插图）

L.《乐浪彩箧冢》（*The Tomb of Painted Basket of Lo-lang*）,朝鲜古代文物研究学会,汉城,1934年。

LI.《大都十大寺大镜第七辑》《法隆寺大镜（第七）》(*Catalogue of Art Treasures of Ten Great Temples of Nara, Volume Seven, The Horyuji Temple, Part 7*)，东京，1933。(本书图 18 改绘自版 18 和 30)

LII.《神州国光集》，第四集，禹之鼎绘王士祯像（禹慎斋画渔洋山人禅悦图小像）。

LIII.《正仓院御物图录》(*Catalogue of the Imperial Treasures in the Shosoin*)，东京，卷 I，1929；II，1932；VII，1934；IX，1936。(本书图 23 绘自卷 I，版 17)

LIV.《昭和五年度古迹调查报告》(*Showa gonendo koseki chosa hokoku*)，1935 年由朝鲜政府出版。

LV.《东瀛珠光》(*Toei juko*)，第五辑，第 2 版，东京，1927。(本书图 11 绘自版 281)

LVI.《万寿盛典》，初集，卷 40（张数号 37，反页）。

LVII.《文渊阁藏书全景》，中国营造社出版，北平，1935。(见表示文渊阁内部上层御榻的图版)

LVIII.《男爵久我家并岛田家所藏品入札》("Catalogue of Baron Kuga and Mr. Shimada Collections")，东京美术俱乐部于 1929 年 9 月 23 日拍卖。(本书图 6 改绘自第 92 号和北京故宫博物院内一件类似的漆几)

LIX.《某家所藏品入札》("Catalogue of an Anonymous Collection")，东京美术俱乐部于 12 月 4 日拍卖，未指明年代。(本书图 7 绘自第 416 号)

有关家具的分类与名称解释

有关家具名称，北京土语中对于家具的形式与用途并没有做明显的区别。有六类主要家具名称简介如下：

1. 榻与床

榻：素榻无围子谓榻

床：装有围子或复杂装饰构件者

胡床或罗汉床：仍在使用的带围子的榻

架子床：带立柱、罩盖

炕：并非一般意义上的不可移动的一个平台，一般特指炕桌

2. 桌（几、案）

（1）有关桌的名称有：

几：小几，低或高几，从箱形结构中衍化出来

桌：多种桌之集合名词，一般有大桌或方桌

案：桌之长而狭者

（2）修饰语 square 即"方"，round 即"圆"，small and oblong structure 小而长方形结构即"条"

（3）用同一修饰语特指大或小的方桌，如：八仙、六仙和四仙

（4）面心板有平头、翘头之说

（5）书案，大而长方形的案面，常用于读书

（6）书桌（参考卷首插图），前面设有抽屉，设三抽屉者即称三屉桌

（7）半圆形桌，带有怀旧的、西方矮几的形式，也称月牙桌

（8）据约翰·霍普－约翰斯通先生（Mr. John Hope-Johnstone）的建议，将琴桌译为"psaltery table"；将一块面板与独立的架几组合即为"架几案"

3. 椅

（1）凳：the bench

（2）机凳：the square stool

（3）墩：the round stool

（4）椅：the chair

（5）官帽：指带搭脑、靠背板而无扶手者

（6）扶手椅：armchairs

（7）圈椅：chairs with circular rest

（8）交椅：the folding chair（《参考文献》之 IX，作为一件特殊家具做过讨论）

（9）脚踏：the footstool，在这里有必要提示，它应为最早的台式结构之衍生物

4. 箱和柜

（1）柜：较高的箱子，食物柜和大的柜子均可称为柜

（2）圆角：同一规格的、带挓的柜子，一般柜帮成圆形，带横枨

（3）立：竖和顶竖，是高或混合形柜子、衣柜之修饰语

（4）四件柜（或称大柜）：compound cases in four parts

（5）橱：储物柜和较小的柜子（coffers and smaller cabinets）

（6）闷户橱：高脚带挓度的柜子（the high-standing splay-leg coffers）

（7）联二橱和联三橱（表示这种如食物柜式的橱柜之演变）

（8）箱：带平盖如盒子式样的大箱子

5. 几（台、架、墩）

依其结构，"stands" 可称为几、台、架。如：

（1）盆架、衣架，均可分清楚

（2）烛台：candle stands with lanterns

（3）墩：墩（the round stools）和几（stands）一样，按其形制可称为瓜棱墩和鼓墩

6. 屏

我们所熟知的各种形式的屏，常带有装饰纹样的板，本书并未收集。

木材：读者对目前所列木材名录中，在中文名称之后加上植物学名称并不感兴趣，可以方便使用下列的对等表示方法：

red sandal-wood for tzut'an（red sandal wood 即紫檀）

rosewood for the huali and hungmu varieties（rosewood 即花梨和红木树种）

chicken-wing'wood for chich'ihmu（chicken-wing'wood 即鸡翅木）

关于这一问题的讨论已在前言中介绍。

家具名称及件号目录

5. 茶几，红木（*Pterocarpus indicus*）···版 6 左

    榫卯 1，2；高 85；面 50×40

    收藏：罗伯特和威廉·杜鲁门先生（Messers. Robert & William Drummond）

    译注：（1）红木四足有束腰带管脚枨长方香几

        （2）*Pterocarpus indicus* 即 "印度紫檀"，为花梨木之一种，并不能归入传统的红木之中

        （3）传统的红木多指产于泰国、越南、老挝、柬埔寨之交趾黄檀（拉丁名 *Dalbergia cochinchinensis*）及稍晚的产于东南亚的奥氏黄檀（拉丁名 *Dalbergia oliveri*），亦即分指 "老红木" 和 "新红木"

6. 茶几（图中悬盖系修复），黄花梨 ·······················实测图，版 6 右，7，18 左

    榫卯 1，2，18，19，20；高 84；面 55×48

    收藏：原为罗伯特·温德教授（Prof. Robert Winter），后为波拉德－厄戈哈特
        教授（Prof. A. L. Pollard-Urquhart）

    译注：（1）黄花梨四足有束腰马蹄足霸王枨带托泥长方香几

        （2）托泥由北京鲁班馆后配，"厚度不够比例失调"（王世襄著《明式家具研究》，生活·读书·新知三联书店，2007 年，第 87 页）

7. 方桌，黄花梨 ···版 8

    榫卯 1，3，18，19；原高 80；实高 42；面 85×85

    收藏：洛克豪先生（Oberreichsbahnrat H. J. v. Lochow）

    译注：黄花梨有束腰霸王枨方桌

8. 条几（仅细部，参考件 9），黄花梨 ·····························版 9

    榫卯 1，3，19；高 81.5；面 81×33

    收藏：古斯塔夫·艾克

    译注：黄花梨有束腰霸王枨条案（局部）

9. 条案，黄花梨 ···版 10

    榫卯 1，3，19；高 81；面 223.5×63

    收藏：麦克·奈尔教授和夫人（Prof. and Mrs. H. F. MacNair）

    译注：黄花梨有束腰霸王枨马蹄足条案

10. 方桌，黄花梨 ···版 11

    榫卯 1，2，6，19；高 82；面 82×82

    收藏：马赛厄斯·科莫医生（Dr. Mathias Komor）

    译注：黄花梨有束腰霸王枨马蹄足方桌

11. 方桌，黄花梨 ···版 12

    榫卯 10，16，19；高 84；面 104×104

    收藏：魏智夫人

    译注：黄花梨攒牙子方桌

12. 方桌，黄花梨 ···版 13

    榫卯 1，2，6，16；高 82；面 104×104

    收藏：约翰·霍普－约翰斯通先生（John Hope-Johnstone）

    译注：黄花梨有束腰喷面大方桌

译注：（1）鸂鶒木三屏风攒接围子罗汉床（绦环加曲尺）

（2）Cassia siamea 为铁刀木之拉丁名，豆科铁刀木属

（3）经检测与研究，中国古代特别是清中期之前之鸡翅木，多为铁刀木及红豆属的木材，如红豆树 Ormosia hosiei，小叶红豆 O. microphylla，花榈木 O. henryi

（4）鸂鶒木并不包括崖豆属的产于非洲和缅甸的崖豆木即所谓鸡翅木

（5）用于古代经典家具制作的铁刀木及红豆属木材，多称之为"鸂鶒木"，而不称"鸡翅木"，后者多指进入中国较晚的崖豆属木材

（6）GB/T18107—2017《红木》国家标准已将铁刀木属（Cassia）改为决明属（Senna），故铁刀木之拉丁名亦相应改为 Senna siamea

收藏：沃尔特·富克斯教授

译注：黄花梨无束腰内翻马蹄滚凳

收藏：约翰·霍普－约翰斯通先生

译注：黄花梨有束腰绳纹琴桌

46. 条凳，黄花梨 ·································· 版43上

榫卯1，5，16；高32；凳面89.5×30.5

收藏：意大利大使和塔利亚尼·德·马奇奥侯爵夫人
（H. E. the Italian Ambassador and the Marchesa Taliani de Marchio）

译注：黄花梨垛边攒牙子条凳

47. 方桌，黄花梨 ·································· 版63

榫卯11；高80；桌面92×92

收藏：奥托·伯查德医生

译注：黄花梨无束腰直枨加矮老装绦环板海棠式鱼洞门方桌

48. 方桌（一对中之一件），黄花梨 ·················· 版64

榫卯1，2，24；高87；桌面98×98

收藏：斯克珀先生（C. M. Skepper）

译注：黄花梨有束腰罗锅枨方桌

49. 条几，黄花梨 ·································· 版65上

榫卯11；高82；面96×53

收藏：魏智夫人

译注：黄花梨直枨绦环板长方开光条几

50. 条几，黄花梨 ·································· 版65下

榫卯1，2，16；高87；面98×48.5

收藏：亚当·冯·特洛特素尔兹博士（Dr. Adam v. Trott zu Solz）

译注：黄花梨窄束腰攒牙子加矮老条几

51. 条案，黄花梨 ·························· 实测图，版66—68

榫卯1，2，16；高86；面166×62

收藏：亚当·冯·特洛特素尔兹博士

译注：黄花梨窄束腰攒牙子画案

52. 书案，鸡翅木 ·································· 版69

榫卯11；高85.5；面177×80

收藏：沃尔特·博萨德先生（Mr. Walter Bosshard）

译注：（1）鸂鶒木一腿三牙罗锅枨加矮老画案

（2）"牙条、牙头特别大而宽，显得滞郁不宜，予人闷塞感，是一件失败的实例。"（《明
式家具研究》第128页）

53. 书案（仅细部），黄花梨配大理石面心 ·················· 版70

榫卯11；高86.5；案面107×67.5

收藏：古斯塔夫·艾克

译注：黄花梨大理石面一腿三牙罗锅枨加矮老画案

213

54. 方桌，黄花梨 …………………………………………………………… 版 71
　　榫卯 11；高 80；桌面 92×92
　　收藏：罗伯特和威廉·杜鲁门先生
　　译注：黄花梨夹头榫一腿三牙罗锅枨方桌

55. 月牙桌，黄花梨 ……………………………………………………… 版 72 上
　　榫卯 1，4；高 78.5；面心直径 84
　　收藏：罗伯特和威廉·杜鲁门先生
　　译注：黄花梨有束腰壶门牙子鹤膝腿月牙桌

56. 三屉桌，黄花梨 ……………………………………………………… 版 72 下
　　榫卯 8，11；高 84；面 102×53
　　收藏：罗伯特和威廉·杜鲁门先生
　　译注：黄花梨三屉书桌

57. 条几，黄花梨 ………………………………………………………… 版 73 上
　　榫卯 1，2；高 83；面 97×43.5
　　收藏：魏智夫人
　　译注：黄花梨有束腰直腿内翻马蹄条几

58. 条凳，黄花梨 ………………………………………………………… 版 74 上
　　榫卯 1，2，6，9；高 31；面总尺寸 81×39
　　收藏：奥托·伯查德医生
　　译注：（1）黄花梨有束腰带翘头条几
　　　　　（2）原为高条桌，"足底马蹄乃用木片贴补后挖成的"（《明式家具研究》第 326 页）

59. 炕几，黄花梨 ………………………………………………………… 版 74 下
　　榫卯 10，14，16；高 35；面 92×36
　　收藏：奥托·伯查德医生
　　译注：黄花梨攒牙子加矮老炕几

60. 琴桌，黄花梨 ………………………………………………… 实测图，版 75—78
　　榫卯 1，14，15；独板面；高 79.5；面 123×39.5
　　收藏：罗伯特和威廉·杜鲁门先生
　　译注：（1）黄花梨攒框板足条几
　　　　　（2）杨耀《中国明代室内装饰和家具》一文中有此条几制图，实物为杨氏所有
　　　　　（3）美国杜鲁门兄弟曾请鲁班馆匠师按此几复制多件，销售海外（《明式家具研究》
　　　　　　　 第 105 页）
　　　　　（4）据推测，国内外此式样黄花梨条几，多为民国时期复制

61. 翘头案，黄花梨 …………………………………………………… 版 79，80
　　榫卯 1，9，23；高 92；面总尺寸 243×40
　　收藏：沃尔特·富克斯教授
　　译注：黄花梨夹头榫管脚枨翘头案

69. 架几案，黄花梨架几，老花梨面板 ………………………………… 版90，159左下

　　榫卯 10，25；通高 64；面板 164×30

　　收藏：古斯塔夫·艾克

　　译注：黄花梨带抽屉架几案

70. 架几案，鸡翅木（*Ormosia hosiei*）………………………………… 版91

　　榫卯 10，25；通高 91；面板 222×38

　　收藏：魏智夫人

　　译注：（1）鸂鶒木暗抽屉冬瓜桩圈口架几案

　　　　　（2）作者对于架几案所用木材是否为红豆树（*Ormosia hosiei*）并不确定

71. 架几，黄花梨 ………………………………………………………… 版92

　　榫卯 10，20；高 86.5；面 41.5×41.5

　　收藏：罗伯特和威廉·杜鲁门先生

　　译注：黄花梨素直圈口架几

72. 机凳（一对中的一件），黄花梨 ………………………………… 版94左

　　榫卯 1，2，6，27；高 49.5；座面总尺寸 55×46

　　收藏：古斯塔夫·艾克

　　译注：黄花梨有束腰罗锅枨加矮老机凳

73. 机凳（一对中的一件），红木 ……………………………… 版93，94右

　　榫卯 1，2，6，16，27；高 47；座面总尺寸 59×59

　　收藏：普劳特先生

　　译注：红木有束腰马蹄足十字枨方凳

74. 机凳（一对中的一件），黄花梨 ………………… 实测图，版95左，96

　　榫卯 11；座面心为板；高 50；座面 42×42

　　收藏：古斯塔夫·艾克

　　译注：黄花梨无束腰直足直枨小方凳

75. 机凳（一对中的一件），黄花梨 ………………………………… 版95右

　　榫卯 11，27；高 52；座面 44×44

　　收藏：魏智夫人

　　译注：黄花梨无束腰直足直枨小方凳

76. 机凳，黄花梨 ………………………………………………………… 版97右

　　榫卯 1，5，24，27；高 48；座面总尺寸 54×54

　　收藏：德克·博德医生（Dr. Derk Bodde）

　　译注：黄花梨无束腰直枨加矮老带券口管脚枨方凳

77. 机凳，黄花梨 ………………………………………………………… 版97左

　　榫卯 1，5，24；座面心为板；高 52.5；面 74×63

　　收藏：罗伯特和威廉·杜鲁门先生

　　译注：黄花梨无束腰带圈口管脚枨长方凳

（2）原文"Persian pine（*Persea nanmu*）"，直译为"波斯松"，括号中的拉丁名为滇楠之旧称，见唐燿《中国木材学》中楠木的拉丁名（*Phoebe nanmu* Gamble）〔*Machilus nanmu*（Oliver）Hemsley〕，现滇楠隶樟科楠属，其拉丁名为 *Phoebe nanmu*（Oliver）Gamble（见《汉拉英中国木本植物名录》第75页，中国林业出版社，2003），故此处之"波斯松"应改为"楠木"

（3）"*Persea*"为樟科鳄梨属

96. 书柜（一对中的一件），楠木带瘿木柜门心 ·············· 版117右
　　榫卯1，8，11，17；高186；柜顶面100.5×54
　　收藏：魏智夫人
　　译注：（1）楠木书柜
　　　　　（2）原文为"Persian pine"（波斯松）

97. 闷户橱，黄花梨·············· 实测图，版118—120
　　榫卯1，9，23，24；顶板高90；面板总尺寸170×57
　　收藏：古斯塔夫·艾克
　　译注：黄花梨带翘头联二橱

98. 闷户橱，黄花梨·············· 版121
　　榫卯1，9，23，24；顶板高83；面板总尺寸190×62
　　收藏：马赛厄斯·科莫医生
　　译注：黄花梨带翘头雕花联三橱

99. 联二橱，黄花梨·············· 版122下
　　榫卯1，9，23，32；高85；面板总尺寸139×49
　　收藏：罗伯特和威廉·杜鲁门先生
　　译注：黄花梨带翘头三屉柜橱

100. 柜橱，黄花梨 ·············· 实测图，版122—124，156，157
　　榫卯1，29—32；高86；面板128×54
　　收藏：古斯塔夫·艾克
　　译注：黄花梨素面三屉柜橱

101. 四件柜，黄花梨 ·············· 版125，156，157
　　榫卯1，29—32，34；主柜高180.5；顶箱高80；单件柜顶面104.5×54.5
　　收藏：魏智夫人
　　译注：黄花梨四件柜

102. 顶竖柜（一对中的一件），黄花梨 ·············· 版126，157
　　榫卯1，29—32，34；主柜高206.5；顶箱高74；柜顶面172.5×71
　　收藏：冈瑟·休韦尔教授
　　译注：黄花梨顶箱柜

103. 顶竖柜（一对中的一件），黄花梨 ·············· 实测图，版127—130，158，159
　　榫卯1，29—34；主柜高185；顶箱高92；柜顶面142×71
　　收藏：朱尔斯·吉尔拉姆男爵（H. E. Baron Jules Guillaume）和作者藏，

哈塞尔（M. L. de Hessel）藏有同样一件

译注：黄花梨顶箱柜

榫卯 1；高 41；墩面直径 26

收藏：古斯塔夫·艾克

译注：（1）黄花梨瓜棱式坐墩

（2）"老匠师李建元当年在鲁班馆设店时，购得此坐墩，腔壁钉有小铜环四枚，原为系结丝绦而设，以便提挈。后来他依此式仿制若干具，但将铜活略去。德人艾克《中国花梨家具图考》所收，即其仿制者之一，杨耀亦藏有一具。"（《明式家具研究》第 34 页）

榫卯 1，4；高 51.5；墩面直径 37.5

收藏：霍普利医生

译注：红木鼓墩

高 149

收藏：魏智夫人

译注：紫檀固定式烛台

高（未伸长）126

收藏：古斯塔夫·艾克

译注：黄花梨升降式烛台

高 163.5

收藏：古斯塔夫·艾克

译注：（1）黄花梨固定式烛台

（2）原文注：量度未计灯笼（包括 114、115、116）

搭脑高 170

收藏：古斯塔夫·艾克

译注：（1）黄花梨六足高面盆架

（2）版 148—151 为盆架局部构件

搭脑高 180

收藏：古斯塔夫·艾克

译注：黄花梨六足高面盆架

搭脑高 167.5

收藏：魏智夫人

译注：黄花梨六足高面盆架

附　录

（周默）

不知近水花先发

人名简释

中国古代家具部分专业名词简释

外文中国古代家具专业名词列表

不知近水花先发

——关于艾克及其《中国花梨家具图考》研究的几个问题

　　德国人古斯塔夫·艾克作为著名的东方学学者，1923 年受邀于厦门大学任教，被泉州的砖塔、古代建筑及多种文明交汇所产生的历史文化所吸引，将其生命中最活跃、最耀眼的时光留在了中国。《中国花梨家具图考》开篇写道："二十年前，我在福建做田野考察，第一次看到精美的中国古典家具，便被深深吸引，这些高贵、雅致的家具在西方鲜为人知。多年后，我再次见到邓以蛰教授。他并不追随时尚，其北京家中却以明式玫瑰木家具布置。这也是我对这一研究课题重燃兴趣之缘由。"1928 年，艾克入职清华大学，除了正常的教学工作外，几乎把所有的精力都放在中国古典家具的研究方面。他于 1931 年发表《未公开发表的郎世宁绘画中乾隆时期的中国家具及其内檐装饰》，1940 年发表《关于中国细木工所用的几种木材之研究》，特别是 1944 年出版的印数仅 200 册的《中国花梨家具图考》，是全面系统研究中国古代家具的开山之作，这也是艾克学术生涯的高光时刻。此后他在 1952 年发表《中国家具述评》，1956 年又发表《明代家具》、《世界美术全集》之《中国家具》等。

　　19 世纪末至 20 世纪 40 年代，当时的北京聚集了中国一大批有名的知识分子，如《中国花梨家具图考》中所提到的考古学家、莎士比亚研究专家杨宗翰教授，哲学家邓以蛰教授，植物学家胡先骕教授及陈焕镛教授，木材学家唐燿教授。来自西方的外交官、传教士、学者或家具贩子也是艾克的座上宾，如意大利大使和塔利亚尼·德·马奇奥侯爵夫人，家具贩子罗伯特和威廉·杜鲁门兄弟，生物学家霍顿，提供木材标本的美国贸易专员斯坦因托夫，木材鉴定方面的服部博士，铜活检测方面的北京辅仁大学化学系教授布罗厄尔博士及数位医生、传教士。此外，北京的鲁班馆、论古斋与家具店均是艾克光顾、流连与交往的地方。一直到20世纪末，中国并未将家具看作是和建筑、陶瓷同等重要的文物或艺术品，20世纪初及至中叶，大量名贵、高等级的漆器、硬木家具从宫廷及贵族大宅中流入古董市场，除少部分为中国富裕家庭所收藏陈设外，多被外国的文物贩子或收藏家据为己有，之后运往美国、英国及欧洲大陆的比利时、荷兰、德国、法国等地。艾克作为艺术史学方面的大家，敏锐地看到了中国古代经典家具特别是成造于明代及清早期的明式家具，如黄花梨、紫檀家具，是世界艺术史中重要的、不可遗漏的一个方面，故从20世纪30年代便开始搜集、测量、拍照与整理以黄花梨为主的经典、优秀家具的资料，完成了《中国花梨家具图考》一书。此后，西方也有不少有关中国古代家具研究的论文、著作出版，但还是流于对器物本身特征、用材或结构的描述，这一模式至今也极大地影响或阻碍了学术界更进一步研究中国古代家具的渊源与发展脉络，关于中国古代家具的美学研究极少有人涉猎。我们并未将视域延展至更久远的旧石器时代及新石器时代，那里是典雅的中国古代家具之根源，那时的月光仍然照耀着今日的春潭；我们也未及旁顾，并未将同时代的绘画、陶瓷、玉器、青铜器、服饰、建筑与家具共同视为艺术，而是彼此互不牵连，各自散发热度与光芒。艾克的研究方法及《中国花梨家具图考》中的一些提问与试探，似乎为我们今天研究中国古代家具踏出了一条可行的蹊径。

观水问澜：对中国古代家具渊源的初步探索

研究古代器物最可靠的方法应该是将出土的或现存的真实文物、文献、绘画（壁画）一一对应，找出彼此之间的必然联系，这样才能得出真实可信的结论。艾克在绪论中表明，找到中国家具的起源和发展脉络，除了历史文献、文学作品的记录外，最重要的便是必须重视商代象形文字（公元前12世纪以前）、商周青铜器（公元前3世纪以前）、汉代遗址的实用家具残片（公元前3世纪至公元3世纪）、中亚和黄河流域发掘出土的文物、须弥座，从汉到郎世宁与清帝国末期的石刻和绘画，特别是藏于日本奈良正仓院精美绝伦的唐代家具（7至8世纪）。

现存于美国纽约大都会博物馆的西周青铜禁，1901年在陕西宝鸡戴家湾古墓中发掘出土，扁平长方体（长87.6厘米，阔46厘米，高18.7厘米），是存放一尊二卣的承具，后为端方收藏，并录入《陶斋吉金录》，命名为"柉禁"，学术界也称其为"夔蝉纹禁""端方铜禁"。

由一具铜禁发端，艾克认为攒框装板结构的最原始例证便是由禁开始。虽然不知道端方铜禁的榫卯结构，但可以想到龙凤榫、格肩榫、燕尾榫，榻、床、几、案、桌等家具的形成均与禁这一家具形式的变化有关。

1. 壶门

对于壶门的释名及渊源已有较多较具体而清晰的资料。所谓壶门，原本称壶门，源于宋李诫《营造法式》卷第十中"小木作制度五·牙脚帐"："凡牙脚帐坐，每一尺作一壶门，下施龟脚，合对铺作。"所谓牙脚帐，是一种安放佛像的神龛，下安牙角座，故名。牙脚帐，每隔一尺便设壶门。"壶门"，有专家认为是"壶门"之误称。作为家具的一种纹饰，壶门多出现在牙条、背板或器物底座，形如桃核，两侧多呈 S 形，也有呈波浪形或锯齿纹的。这种纹饰在很早的器物中便已存在，有人认为在新石器时代的玉器中便有壶门纹饰。佛教的传入使得壶门这一装饰性符号得以在中国的建筑器物上广泛流行。其形式与种类大致为单尖拱偏圆样式、单尖拱偏方样式、火焰样式。

艾克认为，唐代的器物中壶门已普遍存在，并进一步指出约 9 世纪末壶门的尖弧形有所改变，而其"双 S 形轮廓"则得以保留，并以端方的青铜禁作为例子来说明壶门是由禁之立面"上部分往上缩进成 V 形的牙板"，所谓"V 形的牙板"即壶门形式。

2. 腿足由虚向实的演化与马蹄足的形成

现在所存的古代家具之腿足多为方形或圆形，且用一木所制。从《中国花梨家具图考》图 3、4、5、6 来看，早期的腿足并非如此，"四个腿足由成直角的窄条组成……腿足底部逐渐展开成外凸带尖角的翼状云头。这一造型盛行于 13 至 14 世纪。在漆家具、古玩和铜器带有雕饰的底座上，这一形式仍沿用至今"，"在 15 世纪初……此时的曲线窄板已演化为实心方腿"。艾克认为，中国古代家具的腿足是由箱式结构之四角窄板演化而来，由虚至实，并以图 7 加以说明。

关于艾克的这一假设，确实唐宋时期有不少家具之腿足是由两片窄板组合而成，从结构来说这是不合理、不科学的。不过，陶器、青铜器或石器器物之腿足并非由两片窄板组合而成。关于中国家具腿足由虚向实的演化过程，可能还需要借助大量的文物或绘画、壁画资料来加以进一步的深究。

"腿足由虚向实变化最显著的特征即在足部保留尖角云头，这一成果即中国木工所称的马蹄。自明早期以来，马蹄一直是为方腿所专享的代名词，但随着艺术风气的衰败，马蹄似乎消失而以较弱的拐子纹表示（件 19，版 25）。"艾克在《中国花梨家具图考》中以不少家具腿足实例来证明曲尺形薄板向方腿的转变过程，也同样用实例来反复说明健硕、生动的马蹄足行至清中期以后如何被弱化了。实际上腿足的变化，也是中国古代经典家具兴衰交替的一个缩影。艾克对于中国古代家具的研究溯源，往往是从家具构件或某一点的变化开始的。对变化提出一些假设，也许是研究中国古代家具发展史很重要的一个途径。

3. 曲线与曲线规则

线条，是中国古代经典家具的主要语汇，从某种意义上讲，家具艺术即家具线条表现的艺术。艾克在《中国花梨家具图考》中提出了一个崭新的概念，即"曲线规则"（或译"曲线原则"，the curvilinear principle）。他认为"家具曲线本身起源于装板镂空部分的弯曲（图4—6），最后主导整个家具的轮廓线（图7、8）。原来依据攒框与装板造法（图3—6），角的外缘为直线，随着马蹄足的进化，内外缘不断同化而变成顺畅、饱满的曲线（件4，版5）"，并以一件制作于明代的三足香几之"连续不断的弯腿曲线和S形曲线"（件110，版137）为例，证明中国古典家具的曲线设计、运用臻至成熟与完美。

中国古代经典家具，特别是明式家具，无论曲线或直线，除了起到装饰作用外，也有其实用性，如拦水线。线条是家具流动、鲜活的语言，在家具审美方面起着非常重要的视觉诱导作用。

4. 托泥的出现与消亡

随着箱式结构的不断变化，出现了起着加固作用的托泥，"家具的整体结构较之以前更需要它来增加强度，并以此来避免石板地面的潮湿"。坚实的方腿的出现，不断弱化托泥在家具中的作用，托泥的运用在15世纪开始发生变化，托泥这一形式越来越少出现于家具之中，"完全保持原样的这种家具已为稀见之物，因为托泥是家具最先受损或丢失的构件"。

艾克先生关于托泥的血统延续与淡化有一简要的总结："我们现在再回到长方形家具的设计，这是箱式结构演变的最终形式。此处托泥亦未被完全舍弃，特别是在小的装饰性器物中，或为了保持器物的稳定性而不可或缺时，托泥被保留下来（件29，版41）。然而，在桌、榻之中，越来越看不到作为最后标志的攒框装板造法所采用的托泥。"

5. 霸王枨的来历猜想

艾克先生作为艺术史专家，对于中国古代的绘画研究下足了功夫。他从唐代诗人王维《伏生授经图》中发现了"曲栅足翘头案"，提出"两侧直栅如何在案面处折弯以支撑案子"，继而断定"霸王枨（件7，版8）是由早期的侧面曲栅足（图17）演变而来"。他还探讨了霸王枨的形式与作用，"将霸王枨和托泥结合在一起，其结果则是形成一种赋有活力而又稳固的复合结构。这一结构在家具制作中始终是独特的"。

6. 带挓度的家具与轭式结构的特征

挓，也称为"侧脚"。艾克认为"架，如图 11 所示，是中国大木梁架结构中的主要元素，通常向外扩张而形成挓度，这是木结构建筑的基本法则和可移动家具最基础的种类。直至今日，其结构形式仍然保持古朴的风貌而从未改变"。

带挓度的家具，多集中于柜橱、凳子、桌案。"立材成对设计，组成桌或凳的下部结构，正面及侧面均带挓度；立面及侧面两根直材用横枨连接，其轭架作为纵向边框与面板结合，再加上大木结构原本有的牙板"。

轭式结构抑或轭式结构家具的渊源即为"中国大木梁架结构"，艾克为了追踪其来历，以公元前 3 世纪带挓度的小青铜十字纹俎（图 15）来加以论证，其"板面下凹，形式与中国至今仍在使用的小板凳或枕头类似"。

7. 劈料与仿竹家具

劈料，又称"劈料做"，即在同一根料上刨出两个或两个以上的混面。

仿竹，即家具构件采用圆材，如竹的形式，又称为"仿竹纹"；如家具构件上饰竹节纹，又有仿竹节或仿竹节纹之称。有一些学者也将劈料与仿竹混用，并不加以区分。件 44 紫檀木琴桌之构件即采用劈料造法，而腿足饰竹节纹。

艾克并未深入研究劈料家具或仿竹家具的初始渊源，认为其与大木梁架结构有联系，但并不明显，强调"劈料家具的设计必须忠实于材质的自然属性"。劈料家具或仿竹家具，正是中国古代经典家具迫近自然、模仿自然的本来特征。

8. 靠背板的由来

艾克根据唐代李真所作《不空金刚像》中有用于单人下跪或盘腿而坐的垫子，说明当时高足的椅子并未盛行。椅子是随着佛教的传入而开始流行，"印度—中亚的靠背扶手椅全部加以改良以适应中国建筑风格（Ⅸ之第 40 页以下），这样简朴的中国椅子也有了发展"。

椅子的靠背从何而来？"一种（图 18）把建筑中的柱头设计为椅子垂直的靠背，也是按传统的中国轭架形式设计，与印度轭架设计（图 11）近似；另外一种将印度或印度—中亚的圆形扶手椅变化为中国风格。"图 18 的扶手椅的靠背即是网状斜格的藤编，这一靠背形式是否与中国的大木梁架结构抑或建筑中的柱头形式有关，尚不能确定。对于其是否与印度或印度—中亚的圆形扶手椅关联，不少人寻找依据，试图做出定论。

藤编靠背是否为实木靠背的先祖？艾克从图 18 的扶手椅的藤编靠背直接断定实木靠背板即由藤编靠背演化而来。"从图 18，可见发明椅背中央的垂直木板的第一步，必是将搭脑与椅座大边连接的两根平行的靠背边框其间有弹性的藤，编织成斜网格而形成靠背板（版93上）。因此，在新椅背的轭架中，水平横枨被一竖向的藤编网格取代，至终又为实心的靠背板所取代。"

9. 矮橱柜的变化与立柜、四件柜的产生

（1）艾克认为矮橱柜的"来源非常清晰，是从商代象形文字'匚'所表示的最原始的橱柜演变而来"。

（2）"之后矮柜向上发展变高，变成了带门的立柜。"

（3）四件柜的渊源也直接与橱柜的变化有关。橱柜进一步融合，柜帮延展而成腿足。"最终形成的代表性家具框架，其两根枨子中仍留有原先复合性质的痕迹。两根枨子在件103四件柜的断面图中被标示为'中横档'和'下横档'（版130）。这也表明框体和底座原先是分离的。中横档仍提示原始橱柜的底格，下横档则代替了底座的枨子；框体与底座融合柜帮而延伸为新家具的腿足。""所增加的顶箱是原有组合性质的又一证明，顶箱成为四件柜的一部分（版125、126）。矮橱柜的柜帮直接延伸至足部（版122），因此有可能将顶箱转化成一矮橱柜或带抽屉的橱柜，主体增高即成方角柜（版131），其上还可以加一顶箱（版134）。所有这些柜子，现在只有一根枨子，一般底枨均装牙板。"

艾克从商代象形文字"匚"，将矮橱柜、立柜、四件柜、方角柜的演化过程一一分析，并描述其基本特征。中国古代经典家具的形制、种类在明末基本齐备，每一类型的家具或某一独立的家具品种，如果逐一追根溯源，确实能从建筑、陶器、青铜器或古文字、绘画中找到原始的痕迹。艾克的这一研究方法打开了中国古代家具发展史研究的一扇方便之门。从此，西方艺术史学者中研究中国古代家具的一些学者也延续此法，写出了不少有分量的论文与专著。

艾克对中国古代家具的溯源并未充分展开，某些依据并不翔实、可靠，如橱柜的来历及其演化成立柜、四件柜、方角柜，不合理的推测为其结论埋下了隐患。如椅子的靠背板从藤边斜格至实木板，只是材料的改变，不能作为二者存在必然转承关系的证据。而对于腿足由虚向实的转化、轭架结构及箱式结构与中国古代家具发展的关系、霸王枨的由来等问题的提出，至今仍是我们必须继续探索的命题，并应引起足够的重视。

艾克先生多次提到的莫里斯·杜邦曾说过："中国家具的历史有待于从头开始完整地书写。就我们所知，在很古远的时代，就出现了成规模的奢华家具，取材于金、银、美玉、贝壳、宝石的饰物应有尽有。此外我们还知道，在那些近似于传说般神奇的朝代，宫廷里已有专门从事木器加工和造型的工厂了。然而，诸多方面考察，最有趣的问题莫过于，本来习惯了席地而坐的中国人，从何时起，出于何种原因，又是出于何种影响导致他们开始使用椅、圈椅及其他类型的家具，由此放弃了一直沿用的矮几案，代之以高型桌案。遗憾的是，我们现在既缺少对此作出说明的必要文字记录，而有限的文字记录又都是语焉不详。"[1]

对于中国古代家具发展史的研究，中国学者近几十年来做过不少努力，但一直停留在文献考据中，被碎片化的研究方法所局限、隔断，纵向联系、横向比较的研究方法和体系始终未能建立。艾克的研究方法毋庸置疑是一个正确的、可行的途径，但依然只是一个引子，一个侧面。如果我们能将考古方法更多地引入家具研究中，以历代出土文物为依据，结合文献及岩画、壁画、同时代的绘画进行综合研究，也许能够勾勒出中国古代家具发展史清晰的脉络与图像。

他山之石：中西方家具的相互影响与作用

乾隆年间先后出任澳门同知的印光任、张汝霖所撰《澳门纪略》记录了明末以来经澳门输往中国内地的西洋"舶货"：除了紫檀、乌木、紫榆木、黄花木、影木、泡木、菠萝树及伽楠香、檀香、降香、速香外，还有大量的器物，如银累丝瓶（花树、花盘）、银镶珊瑚水晶箱、几案、屏、灯、照身大镜、楸枰棋子、藤蕈、笔架、蕃银笔、规矩、装书等。

明万历年间开始，西方传教士带来的各式钟表、仪器均有各种硬木制作的精美底座、柜子或箱子，广东上层富裕人士及宫廷对这些家具产生了浓厚的兴趣。广式家具的风格即是西方家具在中国风行的必然结果。"西方座椅等等家具式样开始送入中国，是在查理二世时代。文献记载1700年左右有许多制作，是东印度公司派到印度的主管，带着大量的英国样式，教导印度人如何制作，再大量销往英国，及其他欧洲市场。西方人对东方漆饰类作品的需求，超过所供应的，中国及日本销售品有仿自荷兰、法国及英国样品。英国威廉与玛丽时代（1689—1714）也模仿中国雕漆制作，其设计纯然是东方的特征（当时欧洲在巴洛克风潮之下）。"[2]

路易十四时期，法国最著名的家具设计师、工艺师布尔（André Charles Boulle，1642—1732）长于铜和玳瑁镶嵌工艺，各种家具上嵌满了铅锡锑合金、黄铜、银、蔷薇木、鲍母贝、象牙和玳瑁。这种布尔式家具及所谓的巴洛克家具的形式与工艺手法

1　莫里斯·杜邦：《欧洲旧藏中国家具实例》，故宫出版社，2013年，第13页。

2　崔咏雪：《中国家具史·坐具篇》，明文书局，1989年，第175页。

对雍正及乾隆时期家具或整个清代家具、民国家具都有深刻的影响，出现中西合璧的各式家具，西洋纹饰、人物、动物也大量出现于宫廷家具或广东地区的家具上。除了各种名贵硬木，家具上同样用象牙、玳瑁、金银铜、翡翠及各种宝石作为物件或装饰用材料。同样，布尔式家具的设计也有明显的中国元素，如三弯腿的柔美与曲线，"这一腿足形式几乎被法国家具工艺师布尔（Boulle）和他同时代的其他大师照搬到西方"。

《中国花梨家具图考》中也有不少中国家具对于西方家具影响的记录。

"早在西班牙菲利普二世时期，一款带靠背板和搭脑的中国交椅（图21）便已流入西方。当时无人仿制，但一百多年后，实心木靠背板成为时尚，主导了欧洲椅子的风格。欧洲靠背板纹饰图案、式样的发展和后来的精心制作，为研究艺术史的学者所熟悉。"

不仅交椅引起西方家具设计师的追捧，中国乡村一张普通的、自然煨制的竹椅也引起了西方学者的兴趣。德裔美国学者鲁道夫·P. 霍莫尔在其《中国制作》（*China at Work*）一书中详细描述了中国农村家庭所使用的竹椅子："其结构简单而结实。两根竹管，直径约两英寸，弯成两个直角，呈U形。每个U形结构作椅子的一对前后腿。……竹椅子四条腿的稳定由横枨来加固，横枨两边各两根，前后各一根……椅子面是用竹片做的。"

霍莫尔同样谈到了"带扶手的椅背"："使我们联想起了温莎椅。某些人以为西方的家具设计传入对中国形成影响，但这是不可能的，温莎椅最早出现于18世纪，而中国这种类型的椅子已经用了几百年，上述说法显然站不住脚。"

艾克研究霍莫尔有关中国乡村的足椅的描述后肯定地说："亚当（Adam）在为克莱顿别墅（Claydon House）装饰一间卧室时曾使用过这类椅子——这是中国日用家具引入欧洲家庭的第一实例。"

霍莫尔对中国椅子之藤屉成造的基本技法进行了详细的记录，艾克也有补述，认为是中国的藤编影响了西方，并称"究竟是西班牙人还是荷兰人将中国藤编技术带入欧洲，这一问题有待研究"。

中国家具所采用的娴熟、精致而高超的工艺对西方家具设计师、工匠的影响尤其深远。

"柏林一份18世纪的财产清单，提到从前'选帝侯珍藏'（Electoral Collection）中有一张华美的中国黄花梨拔步床：'床体不可思议之处在于其结构没用一颗钉子，每一处均显示出工匠高超的艺术水平与技巧……'当时的西方虽然保有完备的传统，拔步床优质的木材与近乎完美的技艺仍给西方专家留下了深刻的印象。西方专家很快看到了纯粹的手工工艺，这是中国非常独到的传统细木工工艺的特征。"

中国古代经典家具高贵、典雅的特质"引起推崇安妮女王式（Queen Anne）和类似结构设计的西方装饰设计师的兴趣"。苏州细木工工匠高超的技艺与对木性、线条和立体比例天然的敏感，也是18世纪"英国乌木工的灵感源泉，他们从中国学习和借鉴这些方法"。

在讨论"三弯腿曲线"与"古代西方马蹄足雏形与中国较晚的马蹄足形式结合，衍生出'鹿蹄形弯腿'"时，艾克认为"这一别致的曲线吸引了英国画家、雕刻家荷加斯（Hogarth）的美学猜想"。

威廉·荷加斯为英国绘画史上第一位获得世界声誉的画家，他在《家庭团圆》中也画了"S形三弯腿"的椅子，S形三弯腿之优美曲线是安妮女王执政时期（1702—1714）家具的典型标志。荷加斯在其名著《美的分析》中称："如果没有'S'形曲线所增添的变化，会多么单调和缺乏图案感。这种曲线完全是由波状线组成的。"

德国学者基歇尔（Athanasius Kircher，1601—1680）依据欧洲关于中国的美好描述，1667年以拉丁文出版了《中国图说》（China Illustrata）一书，一时洛阳纸贵，中国从此成了人间仙境的代名词及时尚的榜样。持续近三个世纪的这一时尚，被欧洲上层及学者命名为"中国风"（Chinoiserie）。风靡英国及欧洲大陆的德国、法国、意大利等地数百年的中国漆屏风，被陈设于宫廷及贵族家庭，甚至拆散重新组装成其他装饰性极强的家具或嵌入家具之上。欧洲学术界更将以漆木为主要材料的折叠式屏风称为"中国科罗曼多"（Chinese Coromandels），其得名主要是因为当时中国、日本等国的漆器及其他商品多经印度东部港口城市科罗曼多（Coromandel）转运至欧洲。

从艾克的《中国花梨家具图考》中，处处能找到中西家具互相交流影响的痕迹。19世纪末开始，已上升至对中国古代家具，特别是明代经典家具和清代漆家具、宫廷家具及其他有艺术风格或工艺独特家具系统性的收集、整理和研究，在西方世界及中国学术界产生了积极的引导作用。

超于象外：中国古典家具的审美

西方关于中国古典家具的研究，除了为数不多的出版物完全出于古物收藏或商业目的外，学术界大多将中国古典家具的研究置于世界艺术史或东方艺术史的范畴之中，从一开始便认为经典的、优秀的中国古代家具是艺术史中不可或缺的成员，与中国的青铜器、玉器、瓷器、服饰、建筑处于同样辉煌而耀眼的崇高位置。王世襄先生在其《明代家具的"品"与"病"》一文中，用《诗品二十四则》及《画品廿四篇》来品评明式家具的嫵妍：

十六品

简练 淳朴 厚拙 凝重

雄伟 圆浑 沉穆 秾华

文绮 妍秀 劲挺 柔婉

空灵 玲珑 典雅 清新

八病

繁琐 赘复 臃肿 滞郁

纤巧 悖谬 失位 俚俗

　　每一款均举一实例，并从其造型、用材、比例、结构、工艺等几方面加以描述，与《明式家具研究》中的例证之说明相同。虽然如此，也是有关家具美学研究值得肯定的尝试。

　　艾克认为，中国的建筑与家具枯荣同期，家具的造型、结构直接源于大木作建筑。"自8世纪以来，建筑艺术在明初第一次达到一个新的高峰，此时家具也臻至尽善尽美。"

　　中国古代的园林，特别是在宋代和明代，极为讲究树木、花草、古石、假山、青苔、流水与建筑的融合，而建筑之内檐装饰、陈设与建筑为一体。当然，所有的外在之物必有其主人的思想、情趣、审美及灵魂。中国的园林或建筑，甚至花草、家具，都是人的化身，并无分别。

　　艾克在《结语》论及明代有闲阶层的内檐装饰与室内陈设时，详细而真实地描绘了光影绰约、亦诗亦画的景象：

　　　　明代有闲阶层的室内陈设，往往在庄严与刻板的简朴之中显露出优雅与高贵。宽敞的中厅由两排高高的立柱支撑，左右即东西面均为木质的格子状槅扇（参见版37），其后垂挂色彩柔和的丝绸窗帘。墙、柱均贴壁纸，地面铺设深色金砖，天花板则饰以黄色苇箔组成的格子。在这种深色调的装饰背景下，家具的陈设则完全从属于总体布局的安排。玫瑰木家具的琥珀色或紫褐色完全与昂贵的地毯以及织锦或刺绣椅罩椅垫的柔和色调相协调。书画卷轴，置于朱漆底座上的青花瓷、青铜器，无一不为主人精心安排。白天，纸糊的格子窗户遮挡刺眼的阳光；夜晚，摇曳的烛光和角灯将各种色彩糅杂一处而形成满屋奇妙和谐的光辉。

　　明代黄花梨家具或其他家具如楠木、瘿木，特别讲究所用木材天然的颜色与奇妙的纹理，一般不假雕琢，顺其自然，以其变化无穷、出其不意的纹理铺陈巧设，正如艾克所言，木材自然的颜色与纹理，都有极为重要的美学价值。柏林所存黄花梨拔步床，虽然艺术水平与技巧令人折服，但过于繁琐、花哨的人为雕琢，遮蔽了黄花梨本有的自然之美与自我表现的个性，"干扰了自由流畅而优美的线条组合"，以致艾克担心无处不雕的黄花梨拔步床"必然催生一个新的审美秩序"。

判断 17 世纪之前中国家具经典雅致的首要标准即"丰富多彩的纹理，醇美成熟的材色"。《中国花梨家具图考》不仅对明清家具所用木材的原产地、种类、名称、特征进行研究，其对木材表面特征的把握与描述也极为准确生动："紫檀沉重、致密、富有弹性、极为坚硬、几乎没有花纹，继而通过打蜡、打磨和数百年的自然氧化，色呈褐紫或黑紫，其平滑完整的表面透出浓郁的缎子般的光泽。"杜哈尔德也称："没有一种木材可与紫檀齐美，色泽红黑，布满细纹，面似罩漆，非常适用于家具制作和最精致的细木工。无论制作任何器物，均广受美誉。"

黄花梨作为家具用材，可能"自宋或更早"，这一推测是非常准确的。唐代开元年间（713—741）陈藏器《本草拾遗》称梗木"出安南及南海。用作床几，似紫檀而色赤，性坚好"。此处的梗木即黄花梨，即在唐代就已有黄花梨制作"床几"的记录。屈大均《广东新语》谓花梗木"色紫红微香，其文有鬼面者可爱，以多如狸斑，又名花狸。老者文拳曲。嫩者文直。其节花圆晕如钱，大小相错，坚理密致"。艾克总结黄花梨基本特征时称黄花梨"金光由里及表的色调，如同金箔反射，奇妙、明丽的光辉布满温润如玉的表面"，"色近琥珀，纹理致密，生有鬼脸，带有深色条纹和清晰奇异的线形花纹"。

从中国古代家具所用木材的变化来看，某一个时期或某一地区所流行的木材也是有其自身规律可寻的。除了流行趋势外，上行下效、个人偏好或审美情趣的转换也是两个极为重要的因素。紫檀自西晋开始，似乎一直受到上层及贵族的喜好，至于乾隆朝，象牙、象骨或玉都会茜紫檀色，黄花梨、榆木、楠木、高丽木也会染成紫檀色。甚至格木（即俗称铁力木）成器后，也会反复涂抹苏木汁或胭脂水而仿紫檀色。黄花梨在明代受到文人及富人的追逐而成为所谓高级家具的首选用材，在清朝或清中期并不是最受宠的家具用材，这也是我们看到明清家具中明式黄花梨家具较多，而清式紫檀家具占优的现状。

艾克在论述"红木"一节时，提出了一个重要的家具美学概念，即"先前黄花梨时代"（the preceding huang-hua-li period）。艾克认为"红木的广泛使用应始于 18 世纪初"，并进一步认为红木家具"因为其改良而形成的风格与先前黄花梨时代之风格有本质的差异"。这两个观点都是正确的。但如何理解"先前黄花梨时代"？其家具特征又是什么呢？

艾克认为在明或前两朝，黄花梨一直是高级家具独有的特色。艾克也给中国家具的发展理出了一条清晰的脉络：“中国家具发展的黄金期可能与青花瓷的繁荣期重叠，不过很快在公元 1500 年左右开始逐渐衰退。至 17 世纪末，尚存的经典的明式家具传统——失去其本有的特征。”很明显，艾克以黄花梨作为高级家具所用材料这一主线及黄花梨家具风格、特征的演变来判定黄花梨家具的发展过程：往上溯至宋元，止于 17 世纪末，也即“先前黄花梨时代”。目前，中国古代家具学术界及收藏界，多以朝代为临界点寻找中国古代家具的特征，如唐代家具、宋代家具、元代家具、明代家具、清代家具。《明式家具研究》中的“明式家具”也并不是以朝代来规范的，而是以其独有的风格、特征，将其局限于“明至清前期材美工良、造型优美的家具。这一时期，尤其是从明代嘉靖、万历到清代康熙、雍正（1522—1735 年）这二百多年间的制品，不论从数量来看，还是从艺术价值来看，称之为传统家具的黄金时期是当之无愧的”。

从中国古代家具发展史来看，每一个时期或朝代对于某一种或几种木材的偏好也是很明显的，如唐至宋的紫檀、乌木、黑柿木等，明代的黄花梨、榉木、格木、鸂鶒木等，清代的紫檀、红木等，但中国的学术界并未有人提出“紫檀时代”“黄花梨时代”。艾克所提“先前黄花梨时代”，主要还是从家具的审美特征这一着力点上出发的，这一时期跨度比较漫长，从宋至明代的公元 1500 年左右，最晚至 17 世纪，即明末或清初。实际上，这完全是一个中国古代家具美学的重要概念。这一时期的黄花梨家具除了工艺高超、完美外，素朴、简约、空灵、顺畅与优雅是其共有的审美追求。

英国家具史学者哈克·玛格特曾依英国家具所用木材的习惯变化，将英国家具发展史分为四个时代：

橡木时代（1500—1660）

胡桃木时代（1660—1720）

桃花心木时代（1720—1770）

椴木时代（1770—19 世纪初）

如何划分中国古代家具发展的各个阶段，现在多以朝代的自然始终作为方法，如“先秦家具”“两周家具”“汉代家具”“唐代家具”等。艾克在《图考》中较早提出一系列似乎重叠而又有所区别的概念：

汉代家具与汉式家具（the Han style）

六朝风格（式）（the style of the Six Dynasties）

唐代家具与唐式家具（the T'ang style）

宋代家具与宋式家具（the Sung style）

元代家具与元式家具（the Yüan style）

明代家具与明式家具（the Ming style, the classical Ming style）

乾隆风格（式）或乾嘉风格（式）（the Ch'ienlung or Chiach'ing style）

"……代家具"，具体指某一时间范围内的各种家具；"……式"，则从其风格特征及美学特征而言，家具的主体应为代表相应时间段的优秀的、经典的家具，并不包括所有的家具。

艾克所提的这些"命题"，无论艾克还是当今国内外学者并未展开讨论，给我们留下了许多必须要回答的问题。

红木或红木家具兴起于何时？艾克认为，红木品质卓越，也可能替代昂贵的紫檀木而流行于世，并断定红木的广泛使用应始于 18 世纪初，主要依据为有年份可考的图考及现存的家具。实际上，红木并非紫檀木的替代品，二者不存在替代或此消彼长的依存关系。依据史料，红木及其家具的出现应在乾隆朝。"广泛使用"，可能在 18 世纪末或 19 世纪初。艾克将早期的黄花梨家具和红木家具比较，认为红木家具的改良和所形成的风格与明式家具的风格有了本质的区别，与传统的素朴、简约、典雅之审美相去甚远，以至于红木沦落到"使用色浅的木材模仿老花梨家具。红木类的所谓新花梨经过做旧处理便可形成色深而有年代感的真花梨"。

故，从以上分析，妍秀之良器必与美材同一。这一论点，实际上导出另外一个被我们忽视的原则：不同的木材适合于不同的器物，不同的器物适合于不同的木材。即不可能用一种木材做所有的家具，或所有的家具用一种木材。所谓美器，所谓审美，必须是用材、配色、器形、结构、工艺的高度契合与气韵的通达。木材只不过是一种媒介，适合做什么，怎么做，则是对主人或设计师的审美能力与思想表达方式的考验。艾克认为，中国传统家具"装饰含蓄，不矫揉造作，更彰显中国家具形式之活力与适用的本质。真性纯洁，刚柔相济，光洁无瑕，即是中国家具主要的审美趣向"。

艾克论证了马蹄足的发展变化过程，并在版 17 用两张不同形式的腿足照片"表示了曲尺形腿足与坚实的马蹄足的对比，并再一次提示了榫卯连接的曲尺形薄板向方腿转变的过程"。艾克用明代家具的马蹄足与 18 世纪以后的马蹄足反复对比研究，认为马蹄足变化的过程也从一个侧面反映了经典、雅致、生气勃勃、收放自如的中国家具是如何一步一步走向衰落的。件 19（版 25）为家具贩子、美国人罗伯特和威廉·杜鲁门所藏"黄花梨三屏风斗簇围子罗汉床（四簇云纹）"，现藏于美国甘泽滋城（堪萨斯市）纳尔逊美术馆，"承史协和先生见告，乃由架子床改制，证据是边抹上有被堵没的角柱和门柱的榫眼"[1]。"再看两旁围子迎面立材，果有堵没栽销榫眼的痕迹。后围子亦被加长，还添了两根立材作为后围子的抹头，为的是加长到立柱的分位，使两块旁围子能和它撞严。故此床为架子床改制，已无可疑。"[2]此件家具并不是"原来头"，即所谓"杂帮凑"。艾克从这件罗汉床的腿足即马蹄足的纹饰看出，马蹄足由强壮有力已变成弱不禁风。床体腿足即床座本体应为清中期或更晚，而此床的围子是一件斗簇工艺的精品，华美疏透，兼而有之。艾克据此得出结论："自明早期以来，马蹄一直是为方腿所专享的代名词，但随着艺术风气的衰败，马蹄似乎消失而以较弱的拐子纹表示（件19，版25）。本书件27和件28（版40），或件72和件73（版94）充分展示了马蹄足本有的生气，及至18世纪末是如何被弱化的模样。件19（见XLVII及多处）式样的拐子纹，此时几乎全部替代了原来的马蹄足。"同样，艾克通过大量的对比分析翘头案的云头，自15世纪即已开始衰落，17世纪和18世纪漆桌之云头更进一步减弱，"至乾隆年间，这种带云头牙子的条桌仍未消失，经过近三个世纪的演化，其形制越来越呆板僵硬，文化品位几乎消失殆尽，宣布一个优秀传统时代的结束"。

一叶知秋，从细微之处的变化来观察经数世纪变化的家具体系，从而勾勒出家具艺术发展史的清晰轮廓，以及不同时期某个社会群体审美情趣转换的轨迹，也许这正是艾克关于中国家具美学研究的高明之处。

钱穆先生在《色彩与线条》一文中称："绘画有色彩，有线条。西方人生似重色彩，中国人生则重线条。"并由此说引出夫妻之间"有界隔还是无界隔"，理想夫妇之间也存一线；君臣之间、人与人之间均存界限。"人事贵于有线条正如此，形体已成，而再加以线条之划分。此为中国文化，所谓止于至善。""线条则本体所涵，若有若无，乃抽象。西方人生重外，重具体……"其实，中国古代经典家具特别是优秀的明式家具，极为重视线条的功能与装饰性。有些线条起到一分为二的界限功能；有些线条则是实用功能，如酒桌之圆浑的拦水线；宛延流畅的线条多具装饰性，气韵流淌如岩泉汩汩；桌案四周的线条，收摄游离不定的目光与机心，使心神定于看面，即家具最精彩、最勾魂的部分，如柜子的两扇门、桌案的面心。故线条的"隔"与"不隔"也是家具美学中值得深究的问题。明式家具的线条讲究一气呵成，线条须顺畅、圆润、饱满，一般不可间断或戛然而止。当然，也有不施线条的家具，如光素浑圆的紫檀家具，实际上其所有的边、帐、腿本身就是线条，无线条亦即有线条。

艾克在其论文部分花了不少功夫讨论线条语言，如曲线、直线、三弯腿曲线与S

1　王世襄：《明式家具研究》，生活·读书·新知三联书店，2007年，第156页。

2　王世襄：《明式家具研究》，生活·读书·新知三联书店，2007年，第328页。

形曲线、壶门弧线、轮廓线，并提出"曲线规则"一词。纤细柔美的三弯腿及宛转曲折的线条不仅吸引了英国画家、美学家荷加斯而产生有趣的"美学猜想"，也被路易十四时期法国著名的家具工艺师布尔和他同时代的大师几乎不假思索地照搬到西方，在布尔式家具中广泛运用。

艾克夫人曾幼荷（晚年也写作曾佑和）所收藏的明代黄花梨三足圆香几（件110，版137），艾克认为从这件三足圆香几的设计制作，便可确认中国古典家具的曲线问题已找到了圆满的答案："三足圆香几，通过圆面浑成一体，已简化至只剩结构所必需的最少成分。细长的腿足拉长成S形曲线，……连续不断的弯腿曲线和S形曲线，加上壶门牙子，使其造型充满节奏与力量之美。这件灵巧自由、雅致纯净且形似荷花的作品在中国可谓尽善尽美，就连代表西方完美极致的庞贝铜座（XIII中之图25及24）也不能与之媲美。"

艾克在品评明代黄花梨翘头案（件63）时，认为其"具有近乎完美的艺术魅力：木材表面醇厚的蜜色与光泽，精准合理的结构组合，苍劲有力的透雕，活泼生动的锐角双S形曲线壶门，饱满圆润的线条，书写体般精确的云头和尖角牙子（版82）"。中国家具之美，用艾克评价"黄花梨有束腰绳纹琴桌"的一段话概括可能更为贴切：

> 经过几个世纪的与时摩荡，古老的黄花梨表面会呈现出不可能采用其他任何方式得到的外观。金属质地般的光泽，浑圆无方的边棱，凹凸有致的浮雕，赋予中国古代家具独有的特征，这也是其他风格家具所不具备的。

评价一件优秀的家具，不仅要关注其形制、结构、比例、工艺或用材，更要深究其原意、思想、精神或情感的寄托，这一点可能是最重要的。

原始要终：中国古典家具所用木材研究

自20世纪初以来，研究或收藏中国古典家具的学者、收藏家一直在追问，中国古典家具究竟是用什么木材做的？其拉丁名是什么？其原产地在哪里？

霍莫尔认为中国日用家具所用硬木，部分产于本土，大多数源自东南亚热带雨林。艾克则认为，中国使用的四类硬木均隶豆科，且每一类都有中国本土生长的树种和对应的名称。

西方有关于玫瑰木（Rosewood）的概念，玫瑰木主要指紫檀属的各个树种。霍顿则称："玫瑰木的种类达三十多种，具深色，隶豆科黄檀属和紫檀属。"

1. 紫檀

清光绪（1875—1908）时任俄罗斯驻华使馆医生的德国人布雷施奈德（Bretschneider, Emil V.），在为《本草纲目》中的药材选定学名时将紫檀归入紫檀属，见其《中国植物学：关于本地和西方资料中的中国植物学笔记》第二部分。1918年，孔庆莱、吴德亮编纂《植物学大辞典》时，首次将 *Pterocarpus santalinus* L. F. 的中文名定为"紫檀"。

将 *Pterocarpus santalinus* L. F. 与中国古代家具所使用的紫檀木画等号而视为一物者，则为艾克先生。20世纪末及21世纪初，还有不少有关"紫檀木"原产地、种类的激烈争论，文博界及木材界南辕北辙，各执一词。如果认真研究艾克的观点，就会发现这种争论毫无必要。

艾克还将檀香属檀香木与紫檀属檀香紫檀完全区别开，而檀香与紫檀在中国古代文献中常常混用。

南宋赵汝适《诸蕃志》卷下志物篇有：

> 檀香，出阇婆之打纲、底勿二国，三佛齐亦有之。其树如中国之荔枝，其叶亦然。土人斫而阴干，气清劲而易泄，爇之能夺众香。色黄白者谓之黄檀；紫者谓之紫檀；轻而脆者谓之沙檀。气味大率相类。树之老者，其皮薄、其香满，此上品也；次则七、八分香者；其下者谓之点星香，为雨滴滴者，谓之破漏香。其根谓之香头。

叶廷珪《名香谱》：

> 皮实而色黄者为黄檀，皮洁而白者为白檀，皮腐而色紫者为紫檀。

其实上述文字中所谓"黄檀"、"紫檀"或"沙檀"三者均为檀香（*Santalinum album* L.），与檀香紫檀没有任何关系。一些注者将三者分为檀香木、紫檀木是不正确的。日本明治十八年十月刊行《贸易备考》："白檀为檀香之一种。檀香本有白檀、黄檀二种，进口货色中，黄色者呼为白檀，油色者呼黄檀，皆上品也。惟内黄外白为下品，多供佛前燃烧用。"

艾克称"檀香紫檀原产地不是中国，它原产于印度和巽他群岛的热带雨林中"。檀香紫檀的原产地不是中国，是正确的，原产于印度南部及东南部。巽他群岛位于太平洋与印度洋之间，由大巽他群岛、小巽他群岛组成，为马来群岛的组成部分，包括苏门答腊岛、爪哇岛、马都拉岛、婆罗洲、苏拉威西岛、帝汶岛、龙目岛、松巴哇岛、佛洛勒斯岛和巴厘岛。这里盛产著名的檀香木，特别是帝汶岛。位于此地的古国如三佛齐国、满剌加国都是南洋著名的货物中转地，紫檀、乌木、苏木、沉香等名贵木材和香料等均从这里转运到中国。故巽他群岛并不产中国古代家具所用紫檀木。

杜哈尔德将紫檀划入黄檀属（*Dalbergia*）存在明显的错误，其应隶属紫檀属（*Pterocarpus*）。霍顿博士也认为紫檀的来源并不清晰，或源于黄檀属，"有可能是两粤黄檀"。两粤黄檀（*Dalbergia benthamii* Prain），别名藤春，主产于海南岛、广西，"木质藤本。……多生长于疏林或灌木丛中，攀缘在树上"[1]。两粤黄檀为藤本攀缘植物，故不可能为古代家具所用之紫檀木。

故，艾克"暂时假设檀香紫檀和两粤黄檀两种木材都以同一名称'紫檀'在中国市场上进行贸易，早期也使用中国本土所产的黄檀属的几种木材，以后逐渐但并非全部由进口的檀香紫檀所取代"。这一假设是并不存在的，也是不正确的。

2. 花梨

关于"花梨"艾克提出了如下一系列的概念，我们逐一分析便可弄清楚这些概念之经纬。

（1）花梨

高级花梨木（high-grade hua-li wood）

最精美的黄花梨（the exquisite huang-hua-li）

老花梨（the dull lao-hua-li）

新花梨（the hsin-hua-li）

"高级花梨木"可能包含产于海南的降香黄檀即海南黄花梨（*Dalbergia odorifera* T. Chen）和产于越南的东京黄檀即越南黄花梨（*D. tonkinensis* Prain）。不少文献中有提到中国从越南进口木材的文字，且越南北部原本属于中国。

"最精美的黄花梨"，可能指纹理清晰、花纹瑰丽的海南黄花梨。

"老花梨"从件28（版40下）来看，脚踏似为黄花梨，但并不能肯定其为紫檀属花梨木类之花梨木，即所谓的品级较高的"草花梨"。

"新花梨"，即产于东南亚的大果紫檀（*P. macrocarpus* Kurz）和产于南亚、东南亚的印度紫檀（*P. indicus* Willd）。

（2）花榈木

"自明以来所使用的本土和进口的不同种类的花梨似乎并无一清晰的分别。以此名称进行贸易的中国木材已被鉴定为花榈木（*Ormosia henryi*），主产于浙江、江西、湖北、云南和广东。"实际上这里的花榈木为豆科红豆属（*Ormosia*）之树木，其纹如

1　陈焕镛主编：《海南植物志》，第二卷，科学出版社，1965年，第288页。

鸂鶒，故为古代之"鸂鶒木"，与黄檀属之黄花梨或紫檀属之花梨木并无关联。故，不能将花榈木归入花梨之列。

（3）麝香木

《诸蕃志》："麝香木出占城、真腊。树老仆湮没于土而腐，以熟脱者为上。其气依稀似麝，故谓之麝香。若伐生木取之，则气劲而恶，是为下品。泉人多以为器用，如花梨木之类。"

麝香木，究竟为何物？明张燮《东西洋考》柬埔寨条引《一统志》曰麝香木"气似麝脐"。宋陶穀《清异录》飲餀香条下记："江南山谷间，有一种奇木，曰麝香树。其老根焚之亦清烈，号飲餀香。"

据《诸蕃志》记述，麝香木应为沉香之一种，隶瑞香科（ *Thymelaeaceae* ）沉香属（ *Aquilaria* Lam. ），沉香树约有12—18种。宋范成大《桂海虞衡志·志香》中说："沉水香。上品出海南黎峒，亦名土沉香，少大块。其次如茧栗角，如附子，如芝菌，如茅竹叶者，皆佳。至轻薄如纸者，入水亦沉。香之节因久蛰土中，滋液下向，结而为香。采时香面悉在下，其背带木性者乃出土上。"

宋周去非《岭外代答》中记："沉香来自诸蕃国者，真腊为上，占城次之。"说明当时也有不少上等香源于柬埔寨和缅甸南部。

（4）印度紫檀之亚种

印度紫檀（ *P. indicus* ）是紫檀属花梨木类木材，俗称"草花梨"，与产于海南岛的黄花梨即降香黄檀（ *D. odorifera* ）同科不同属，完全是不同的两个树种。至于印度紫檀之亚种不知为何物。后面提到的安波那花梨瘿即印度紫檀所生瘿，与黄花梨瘿没有任何关系，二者不为一物，不可混淆。

3. 红木

"依据有年份可考的图画及现存的家具来看，红木的广泛使用应始于18世纪初。"这一判断是非常正确的，也有史料佐证。

（1）老红木与新红木

民国及之后称之为老红木的木材即产于老挝、泰国、柬埔寨、越南的交趾黄檀（ *D. cochinchinensis* Pierre ），隶豆科黄檀属。所谓新红木即主产于缅甸、泰国和老挝的奥氏黄檀（ *D. oliveri* Prain ）及产于越南、泰国、柬埔寨、缅甸、老挝的巴里黄檀（ *D. bariensis* Pierre ）。

红木并不包括花梨木或其他木材。

（2）孔雀豆

孔雀豆（ *Adenanthera pavonina* L. ），又称"海红豆"，主产于广东、海南岛、广西、云南和喜马拉雅山脉东部。心材红褐或黄褐色，气干密度 0.740g/cm³（海南岛）、0.665g/cm³（广西）。孔雀豆纹如鸂鶒，故可归入鸂鶒木类，但不应视为红木之一种。

（3）阔叶黄檀

阔叶黄檀（*D. latifolia*）隶豆科黄檀属。在所有研究中国古代家具的著作中，这是第一次提到"阔叶黄檀"，并引海关出版物指其产地为印度。阔叶黄檀主产于印度、印度尼西亚。径级巨大，大者近 200 厘米，其缺点非常明显，心材成器后呈大面积灰色或土黄色，故并不适合于等级较高的家具制作。艾克先生所引中国海关出版物，表明产于印度的阔叶黄檀有可能在 20 世纪早期或 19 世纪末便已进入中国。红木家具也会有阔叶黄檀的身影，这也是研究中国古代家具所用木材不可忽略的一点。

（4）印度紫檀的亚种

艾克在花梨一节中反复提到"印度紫檀的亚种"，在红木这一节又提到这一木材名称，"在西方，过去将其称为 Padauk（花梨木）。无论产于何地，也不论树种，凡花梨木类木材均可称"Padauk"，不少人将其译为"紫檀"，是完全错误的。

"从狭义来讲，现在多称之为安达曼红木、缅甸玫瑰木和菲律宾群岛花梨木。"

这一段话，将三个概念即安达曼红木、缅甸玫瑰木、菲律宾群岛花梨木与印度紫檀混为一谈，在此有必要加以分别。

①安达曼红木（Andaman Redwood）

"Redwood"指红色的针叶材，一般不用于阔叶材即硬木。这里的"Redwood"，应为"Rosewood"。安达曼红木有可能是生长于印度洋东北部安达曼群岛（Andaman Islands）的安达曼紫檀（*Pterocarpus dalbergioides*），英文名"Andaman padauk"，为花梨木的一种，气干密度 0.69—0.87g/cm³。

②缅甸玫瑰木（Burmese rosewood）

有可能为酸枝木即所谓的"新红木"，拉丁名 *Dalbergia oliveri* Gamble，英文名"Burma Tulipwood"或"Tamalan"，泰国又称"Chingchan"。也有可能为产于缅甸的大果紫檀（*Pterocarpus macrocarpus* Kurz），俗称缅甸花梨，英文名"Burma Padauk"，主产于缅甸、泰国、老挝，气干密度 0.80—1.01g/cm³。

③菲律宾群岛花梨木（Narra in the Philippine Islands）

此即生长于菲律宾群岛的印度紫檀。印度紫檀分布范围广，从南亚的印度、斯里兰卡至东南亚，经菲律宾折向巴布亚新几内亚、所罗门群岛、斐济、新喀里多尼亚、瓦鲁阿图等南太平洋岛国，呈弧形分布。心材分为红、黄二色，气干密度波动范围极大，一般为 0.53—0.94g/cm³，轻者不到 0.4g/cm³，重者超过 1.0g/cm³，入水即沉。

4. 鸡翅木

鸡翅木一称，始见于明末清初，而清代造办处档案中一直以"鸂鶒木"相称。明王佐《新增格古要论》记："鸂鶒木，出西番，其木一半紫褐色，内有蟹爪纹；一半纯黑色，如乌木。有距者价高。西番作骆驼鼻中纹子，不染肥腻。尝见有作刀靶者，不见其大者。"

古代家具中的鸂鶒木不止一种，主要有豆科决明属（*Senna*）的铁刀木（*Senna siamea*），红豆树（*Ormosia hosiei*），小叶红豆（*O. microphylla*），花榈木（*O. henryi*），不包括产于缅甸的白花崖豆木即鸡翅木，也不包括产于非洲的鸡翅木。

产于南美洲的无刺甘蓝豆木（*Andira inermis*）隶豆科甘蓝豆属（*Andira* Juss），地方名为"Andgelin""Moca"。分布广，从墨西哥经中美洲至南美洲的巴西都有分布，心材红褐色，弦切面有明显的鹧鸪斑，故又称"鹧鸪木"（Partridge wood）。非常遗憾的是，件41（版54）之"鸡翅木夹头榫大画案"，经比对用材应为产于广西玉林的格木（*Erythrophleum fordii* Oliv.），而不是鸡翅木。王世襄先生在《明式家具研究》中认为此件是铁力木（*Mesua ferrea*），也是错误的，应更正为格木。

《中国花梨家具图考》为研究中国古典家具的开山之作，也一直是中国乃至世界研究中国古典家具的范本与必读之书。艾克先生以其早年所受的深厚的西方美术、哲学涵养，来揣摩中国家具发展史上巅峰时期的明式家具并刻意收藏、整理，为我们学习与研究优秀的明式家具提供了大量的实物照片与宝贵的文献资料。

关于中国家具的渊源与发展过程，艾克还提出了在他那个时代还从未有人提起的许多令人耳目一新的学术观点，并一一举出翔实的图例加以佐证。王世襄先生关于中国明式家具可分为无束腰家具和有束腰家具，而无束腰家具源于中国古代建筑大木梁架，有束腰家具源于唐代的壶门床、壶门案及佛教的须弥座的研究成果很明显受到艾克先生学术成就的启发。

《中国花梨家具图考》收录明清家具实物122件，测绘图纸34张。这是中国家具研究史上第一次按实际尺寸实测家具从而绘制图纸，其意义正如艾克夫人曾佑和教授为《中国花梨家具图考》（地震出版社1991年版）作序所言："艾克将自己收藏的家具拆散解剖，严格测量，将节点构造按比例绘出，启发明代家具榫卯斗拼之关系，立本模范，可为家具制造业所仿效，使得如此精巧的细木工技术得以传世，获世界瞩目和赞赏。"清华大学陈增弼教授称："这批图纸不仅是明式家具研究史上，也是中国家具研究史上第一次以科学的视图原理绘制的第一批图纸。"

艾克先生为西方艺术与哲学博士，并非植物学及木材学方面的专家，但他请教当时中国最著名的木材学家胡先骕博士并为其木材样品做科学鉴定。当时北京协和医院院长亨利·S.休顿博士、美国贸易专员保罗·P.斯坦因托夫及德川生物研究院院长服部博土均为艾克提供了许多关于中国家具木材方面的实物或文字资料，使得艾克先生在中国家具所用木材的辨别与研究上翔实而准确。

艾克先生认为中国历史上的家具所用硬木基本源于豆科（*Leguminosae*）紫檀属（*Pterocarpus*）及黄檀属（*Dalbergia*）。这一观点为现代先进的木材检测所证实。书中他对紫檀、花梨、红木、鸡翅木均做了详细的考证与描述，基本观点是正确的，但因受到当时植物分类学的研究限制，难免也出现了一些明显的错误，然而其研究的指导意义或学术价值仍使其后来者受益至今。

艾克《中国花梨家具图考》一书的成书体例为：考证翔实、观点明确的论文，艾克早期拍摄的家具黑白照片，34张由中国古典家具研究专家即艾克先生的助手杨耀先生绘制的家具图纸三部分组成。三部分相互辉映，结构严谨而又令人赏心悦目，不仅开启了中国古典家具新的研究方式及成书体例，而且启发后学从多学科、多种方式更加深入具体地研究中国古典家具。

人名简释

杨宗翰（1901—1992）

字伯屏，1920 年毕业于清华大学，后赴哈佛大学留学，长于考古与文学（莎士比亚研究）。先后任职于北平大学、国立师范大学、四川大学、燕京大学、辅仁大学、中国大学与香港大学。20 世纪 40 年代初，任职中德学会，与艾克及众多德国学者交集，并为《中国花梨家具图考》题写中文书名。

邓以蛰（1892—1973）

字叔存，安徽怀宁人，先后毕业于日本早稻田大学及美国哥伦比亚大学。后在清华大学哲学系、北京大学哲学系任教，从事中国书画及其美学理论的研究。中国现代美学的奠基人之一。

杨耀（1902—1978）

字子扬，北京人。1932 年于北京协和医院任建筑师，后为艾克先生的助手，绘制《中国花梨家具图考》中部分家具的实测图。1944 年任北京大学工学院副教授，1962 年任建筑部北京工业建筑设计院总建筑师，发表明式家具研究论文数篇，是我国最早研究明式家具的著名学者之一。

霍顿（Dr. Henry S. Houghton，1880—1975）

中文名胡恒德。1907 年来中国，1921 年任北京协和医院院长，热带病学教授。1941 年，著有 *Cabinet Woods*（*The Principal Types...used in North China for Fine Joinery*）。

斯坦因托夫（Mr. Paul P. Steintorf）

20 世纪 40 年代美国贸易专员。

胡先骕（1894—1968）

字步曾，号忏盦。1912年于美国加利福尼亚大学、哈佛大学学习植物学，著名植物学家，我国植物分类学的奠基人。与钱崇澍、邹秉文合编《高等植物学》，单独出版《植物分类学简编》《中国植物分类学》等。

服部（Dr. H. Hattori）

资料不详。曾任20世纪30年代德川生物研究院（Tokugawa Institute for Biological Research）院长，并为艾克鉴定明式家具所用木材标本。

布罗厄尔（Dr. W. Bruell）

原北京辅仁大学化学系教授。为艾克先生检测中国古代家具所用的金属饰件。

罗伯特和威廉·杜鲁门（Robert and William Drummond）

20世纪初至中期，美国最著名的中国文物特别是明式家具贩子。"他们在美国开着中国古代家具店，自己住在北京收买经他们手搞到外国去的家具，数量当以千件计……"（王世襄《锦灰堆》）

威廉·费利茨吉朋（Professor William Fitzgibbom）

北京辅仁大学教授，《中国花梨家具图考》的英文校对。

阿且里斯·方（Mr. Achilles Fang）

资料缺乏。为《中国花梨家具图考》参考书目的校对。

亨利·魏智（Mr. Henri Vetch）

法国人，1937年为法国从军安南。1944年魏智先生克服重重困难，于北京以珂罗版为艾克先生出版《中国花梨家具图考》200册。

郎世宁（Giuseppe Castiglione，1688—1766）

天主教耶稣会修士、画家，意大利米兰人。1715年（康熙五十四年）来中国传教，历经康、雍、乾三朝，在宫廷绘画数十年，对清代宫廷绘画影响很大，曾多次参与宫廷建筑、内檐装饰及宫廷家具的设计与制作。

端方（1861—1911）

托忒克·端方，字午桥，号陶斋，清末大臣，官至直隶总督、北洋大臣，著名金石学家、青铜器收藏家。著有《陶斋吉金录》《端忠敏公奏稿》。

荷加斯（William Hogarth，1697—1764）

英国画家、雕刻家。十五岁拜金银雕刻家E.甘布尔学艺，后拜国王御用画家詹姆士·索赫尔爵士学油画。著有《美的分析》，其中涉及不少家具美学方面的讨论。

布尔（Andre Charles Boulle，1642—1732）

路易十四时期法国最优秀的家具工艺师，长于铜和玳瑁镶嵌工艺，有"布尔镶嵌工艺"一说。1672 年开始，为路易十四及其家族和宫殿设计与制作家具。

达埃（Professor D. S. Dye）

即 Daniel Sheets Dye，1937 年著有两卷《格子细木工入门》，收录了不少中国家具纹饰。

顾恺之（348—409）

东晋画家，字长康，小字虎头，晋陵无锡人。其《女史箴图》原作已佚，现存于大英博物馆之《女史箴图》为唐代摹本。原作品分十二段，现剩九段，为绢本设色。其中一段有形似架子床的轮廓，为研究架子床的渊源及家具发展史提供了可信的资料。

禹之鼎（1647—1716）

字尚吉、尚基、尚稽等，号慎斋。清代画家，工于山水、人物、花鸟、走兽。画中常有反映当时风貌的各式家具。

李真

唐代画家，唐德宗时人。绘不空三藏法师（705—774）画像，即《不空金刚像》，其座为方形如榻，腿足为曲尺形。

霍莫尔（Dr. R. P. Hommel，1887—1950）

德裔美国学者。1921—1930 年在中国调查研究中国手工艺的发展现状，于 1937 年在纽约出版 China at Work，译为《中国制作》或《手艺中国》。书中记录了大量关于中国手工制作家具的图像与文字资料，如藤编技术、竹椅、硬木家具制作及其硬木来源等。

布雷施奈德（Bretschneider）

德国人，清光绪（1875—1908）时任俄罗斯驻华使馆医生。布氏为李时珍《本草纲目》中的药材选定学名时，将紫檀归入紫檀属。1892 年，于上海出版《中国植物学：关于本地和西方资料中的中国植物学笔记》。

杜哈尔德（Duhalde）

资料不详。杜氏在研究紫檀时，将其归入黄檀属（译注：实际应为豆科紫檀属）。这一看法影响了当时不少西方学者对于紫檀来源的认识。

唐燿（1905—2011）

著名木材学家，1923 年入南京国立东南大学学习，1935 年赴美国耶鲁大学研究院林学系进修。1937 年发表《中国南方一些重要硬木宏观构造的鉴定》，其中一些结论对于研究中国古代家具所用木材的西方学者产生了重要影响。特别是 1936 年 12 月出版的《中国木材学》，至今仍为木材学研究领域的扛鼎之作。

赵汝适（1170—1231）

字伯可，生于台州天台县（今属浙江省临海市）。官至福建路市舶提举，"掌蕃货海舶片榷、贸易之事，以来远人、通远物"。著《诸蕃志》，详细记录了五十八个国家的位置、风俗、物产等。《诸蕃志》卷下志物篇便有对沉香、檀香、降真香、麝香木、苏木等的记述，对于南宋有关木材、香料的来源及贸易研究极为重要。其中所述"麝香木"为一般的花梨木。

陈焕镛（1890—1971）

字文农，号韶钟，广东新会人。植物学家，为中国近代植物分类学奠基者之一。1919年获得哈佛大学林学硕士学位，1933年创立中国植物学会，主编《中国植物志》、《广州植物志》及《海南植物志》。1921年发表的《中国经济树木》吸引了研究中国家具的西方学者的关注。

卡巴乔（Vittore Carpaccio，1465—1526）

意大利画家，文艺复兴时期威尼斯画派代表人物。创作于1497—1498年的《圣乌苏拉之梦》是一幅关于欧洲文艺复兴时期意大利家庭室内布置的经典之作。主人乌苏拉的卧室中有一硕大的绛红色大床，然而躺在大床上的乌苏拉，梦中所遇到的是死神的召唤。床，可以带来涅槃、幸福与爱情，也可以带来魔鬼与死神。

约翰·霍普－约翰斯通（Mr. John Hope-Johnstone）

资料不详。约氏建议将"psaltery table"译为琴桌。

林语堂（1895—1976）

现代著名作家、翻译家、语言学家，新道家代表人物，福建龙溪人。早年留学美国、德国，回国后在清华大学、北京大学、厦门大学任教，又在新加坡筹建南洋大学并任校长。曾创办《论语》《人间世》《宇宙风》等刊物，主要作品包括小说《京华烟云》《啼笑皆非》，散文和杂文文集《人生的盛宴》《生活的艺术》等，译著《东坡诗文选》《浮生六记》等。

沈复（1763—1832）

字三白，号梅逸，江苏长洲（今苏州）人，清代文学家。自传体作品《浮生六记》，原有六记，现存《闺房记乐》《闲情记趣》《坎坷记愁》《浪游记快》四记，后两记《中山记历》《养生记道》已失传。林语堂于1936年将《浮生六记》四篇翻译成英文，现有英译本三种，德国、法国、丹麦、瑞典、日本、马来西亚译本各一种。《浮生六记》中记录了清中期江南文人家庭闲适优雅的生活及精致的内檐装饰、疏密有度的室内陈设，也是研究清代生活史的一把钥匙。

中国古代家具部分专业名词简释

玫瑰木（rosewood）

关于玫瑰木：

①艾克在"有关家具的分类与名称解释"中认为：玫瑰木即花梨木和红木的多个树种（rosewood for the huali and hungmu varieties）。

②用于制作精美家具的一种价值较高、深红色的热带硬木（a valuable hard dark red tropical wood, used for making fine furniture）（《朗文当代英语大辞典》第 1518 页，商务印书馆，2004）。

③一种产于热带的红褐色硬木，气味芳香，用于制作贵重家具（rosewood, the hard reddish-brown wood of a tropical tree, that has a pleasant smell and is used for making expensive furniture）（《牛津高阶英汉双解词典》第 1513 页，商务印书馆、牛津大学出版社，1997）。

④一种深红色的源于热带地区的细木工家具用材，如巴西黑黄檀，蝶形花科（a dark red cabinet wood obtained from various tropical trees; a tree producing such wood. esp. *Dalbergia nigra*, Fam. *Papilionaceae*, *Longman Modern English Dictionary* by Owen Watson, p.966, Longman's English Larousse, 1968）。

玫瑰木一般包括豆科紫檀属及黄檀属的木材，心材呈红褐及深褐色者，如印度紫檀（*Pterocarpus indicus*），其英文即为 rosewood；产于新几内亚者，商品名为 New guinea rosewood。交趾黄檀（*Dalbergia cochinchinensis*）英文名为 Siam rosewood（暹罗玫瑰木），阔叶黄檀（*D. latifolia*）英文名为 Indian rosewood（印度玫瑰木），《红木》国家标准也将产于海南岛的降香黄檀（*D. odorifera* T.Chen）英文名定为 Scented rosewood（有香味的玫瑰木）。艾克先生也将黄花梨的英文标为"rosewood""huali rosewood"，黄花梨家具则为"rosewood furniture"等。其他科属木材，也有以"rosewood"相称者。故，玫瑰木（rosewood）是一泛指，并不特指某一种木材，而是将木材心材红褐及深褐色或近似者归为一类。

挓度（splay）

家具腿足下端外撇，上端内敛，其式即为"挓"，或称"挓度"，也称"侧脚"。挓，向外张开延伸之意，《鲁班经》称之为"梢"。家具正面有挓，即称"跑马挓"；侧面有挓，即称"骑马挓"。正面、侧面均带挓，则谓"四腿八挓"。

绦环板（panel）

家具不同部位框架内之板面即"绦环板"。案、几、杌凳的束腰上常装绦环板，绦环板常开孔透雕，沿透雕边缘起灯草线，纹饰有笔管式、卷云式和海棠式等多种。也有不开孔的，但也在板上浮雕花草等各种纹饰。

硬木（hardwood）与硬木家具（hardwood furniture）

硬木也称细木，多指紫檀、黄花梨、乌木、铁力、花梨、老红木、酸枝木、鸂鶒木等，用这几种木材成造的家具即"硬木家具"。

软木（softwood, miscellaneous wood, miscellaneous softwood）和软木家具（softwood furniture）

软木，又称"柴木""杂木""白木"。王世襄《明式家具研究》称之为"非硬性木材"，包括榉木、楠木、桦木，黄杨、南柏、樟木，柞木、松、杉、楸、椴十一种。当然还有其他不少古代家具所用木材，并未收录，由这些木作成造的家具即称"软木家具"。

安妮女王式（Queen Anne）

1702年安妮继承英国威廉三世的王位，1714年去世。这一时期的家具即称"安妮女王式家具"。风格仍为英国巴洛克式，刻线圆润，装饰得体，S形弯腿的优美曲线是安妮女王式家具的标配。造型简洁、装饰洗练、比例均衡、曲线优美，是其主要特征。英国著名画家威廉·荷加斯在其《美的分析》中将"S"形弯腿之曲线称为"完美的波状曲线"。

英国乌木工（English ebonist）

也有"西方乌木工"（Western ebonist）一说。埃及及欧洲对于乌木的利用已有数千年的历史。在埃及古王国时期（约公元前2686年—前2181年，包括第四王朝和第六王朝）就已使用饰有金、银、宝石、象牙、乌木的床、椅和凳。古罗马家具也用乌木、黄杨木等镶嵌家具。英国及欧洲大陆诸国采用不同颜色的木材如乌木、鸟眼枫木、胡桃木、樱桃木、黄杨木等作为镶饰材料，将木材切成几乎透明的薄片（veneer）与动物的骨、牙、壳，以及贝壳、珊瑚、金、银等共同用于镶嵌。这除了需要复杂而高超的手艺外，也需要木工对于家具的比例、线条、纹饰、材性等熟练把握。"乌木工"即高级工匠的代名词，《中国花梨家具图考》中也有"the Chinese ebonist"一说，与中国的"细工木匠"近似。

细木工（joinery, cabinet-work）

一般指从事硬木家具制作的工作，如紫檀家具、黄花梨家具的制作。

箱式结构（Box construction, Box-like structure）

艾克认为，中国古代家具中的榻、床及桌、案、凳、几等不同形式均来自长方形青铜禁等结构的不断变化，故此类家具的结构均称之为箱式结构。

龙凤榫（the tongue and groove device）

两块拼接的平板，边分别起榫舌和榫槽，榫槽有时呈半银锭榫式样，二者拍合即成龙凤榫。

穿带（clamp）

贯穿面心背板，两端出榫与大边的榫眼接合的木条。一面稍宽一面稍窄。经龙凤榫拼接后的宽板背面，开一上小下大的槽口（带口），将穿带宽的一边推向窄的一边，穿带两端出头，留作榫子。

大边（long side）

案、几、桌之边框如为长方形，长且出榫的两条则为大边；如为方形，出榫的两条为大边；如为圆形，外框的每一条均为大边。

抹头（short side）

抹（音 mà）头，边框为长方形，短且凿眼的两条为抹头；如为方形，凿眼的两条为抹头。

壶门（the cusped arch, the cusped and ogeed arch）

唐宋时须弥座及床座上的开光。古代家具，特别是明代家具之桌、椅、案、柜、凳等之牙板也在中间镂成壶门式顶尖及曲线（常见的为双 S 曲线）。

立材（upright）

立材，又名竖材、直材，是家具中直立的单独构件，如腿、椅背两边的边框、框帮等，均可称为立材。

托泥（the bottom frame）

家具腿足底部起承接功能的框架。

管脚枨（a system of stretchers）

也写作"a bottom frame"，家具腿足下部之间连接的枨子，将腿之间连接、固定，故称管脚枨。

托子（sill, the bottom sill）

条案足端着地的横木。

两部结构（bipartition, biparted frame and panel construction）

又称两部构造，即家具的边框与板的结合。

马蹄（a horse-hoof, the horse-hoof leg, clubfoot）

也称马蹄足，腿足底部内兜或外翻，形如马蹄之增大部分。

曲尺形腿足（the open foot）

又称局脚。箱式家具如榻、禅椅等的腿足由两片曲尺形薄板榫卯连接（joint slats），是家具腿足由虚向实过渡的早期形式。

心板镂空（the panel cutout）

或称心板开光，即框架之中的板面透雕成矩形、椭圆形等各种形式。

三弯腿（cabriole leg）

又称外翻马蹄腿，腿呈 S 形弯曲，腿之上部外凸，然后内敛回收，行至下端，再向外兜转。

波斯松（Persian pine）

据件 95，波斯松之拉丁名为 *Persea nanmu*，此为滇楠（*Machilus nanmu*）之旧称，原归入楠属（*Phoebe*），现归入润楠属（*Machilus*）。唐燿《中国木材学》也称之为桢楠。此处之波斯松实为楠木，故件 95、96 的 "Persian pine with burl wood panels"，应译为 "楠木瘿纹板"。中国科学院大学张焱《楠木复合群的保护遗传学研究与产地溯源》一文对这一问题有非常清晰的论述："Davenport、Bradford、Vincot 三人从中国四川和云南两地采集的被当地人叫作 '楠木'，但明显其中两份属于润楠属（*Machilus*）、另一份属于楠木属（*Phoebe*）的三份标本被装订在同一张台纸上。Oliver（1880）将其命名为 *Persea nanmu*。随后，Hemsley 认为楠木应该是润楠属物种，并在 1891 年将其组合到润楠属 *Machilus nanmu*(Oliver) Hemsley，将 *Persea nanmu* 作为它的异名。1914 年，Gamble 认为 *Persea nanmu* 属于楠木属，并组合成 *Pheobe nanmu*(Oliver) Gamble，1979 年李树刚等人发表新种 *Phoebe* S. Lea et F. N. Wei 时，将中文学名定为楠木，别名桢楠、雅楠。1988 年，李树刚和韦发南查阅了保存在英国皇家植物园的 *Persea nanmu* 模式标本，证实这份模式标本其实包含三个不同树种的标本，它将台纸右下方的标本鉴定为 *Phoebe zhennan*。由此推断，*Pheobe nanmu*(Oliver) Gamble 与 *Phoebe zhennan* 可能就是同物异名。"

束腰（hollow）

面板边框与牙条之间的收缩部分。

万字纹（swastika）

即家具构件中的卍、卐两种图案。

拔步床（the alcove bed, canopy bed, fester bed, festered bed）

立于木质地平上带回廊的架子床，拔步床也称八步床或踏板床，有廊柱式拔步床和围廊式拔步床之分。

曲栅足翘头案（table with bent uprights）

栅足案分为直栅、曲栅两种形式。一般曲栅上部明榫与案面接合，下端插入足跗至地。唐王维《伏生授经图》中的小案即为曲栅足带翘头的小案，其结构独特之处在于曲栅上部穿过一条托枨与案面接合，通过托枨使两侧的曲栅均匀受力，减轻来自案面的重力。这种结构方式更为科学、合理。

霸王枨（brace, the oblique brace）

安在腿足上部的斜枨，其上端与面板下的穿带连接，一般用插接榫或木销钉固定在穿带开口上，下端做钩挂垫榫在腿足上部与开口接合，用木楔固定。

抱肩榫（the complicated shoulder joints）

有束腰家具腿足上部与束腰牙条接合的榫卯结构，榫的断面为半个银锭形挂销，与牙条背面的槽口套挂，固定束腰与牙条。抱肩榫结构复杂，期以解决有束腰家具腿足与面板、腿足与束腰、腿足与腿足之间的连接关系。

宝盖结构（a hanging cover）

方桌四根霸王枨从腿足的不同方向延伸交集于桌面下中间穿带之中心点，为了避免霸王枨集于一处带来视觉上的混乱，用圆盖形木块将其掩盖，这一结构即为宝盖结构。

藻井（centralised timber ceilings）

藻井，又称龙井、绮井、覆海。位于室内上方，呈伞盖形，由细密的斗拱承托，每一方格为一井，有花纹、雕刻、彩绘，故称藻井。

搭脑（rail, neck-rest）

椅子、衣架、面盆架等家具最上端的横枨，可供头脑后部倚靠而得名。

可移动家具（movable furniture）

指可以随意搬动、陈设的家具，如椅、桌、榻、小案等。架子床、拔步床、顶箱柜、大案等大型家具，则不包括在内。

轭架结构（the yoke rack construction）

近似于大木作中的梁柱结构（the post and rail construction），中国古代家具中的衣架、椅、案等家具，便是从轭架结构中衍化而来。

春凳（bench, couch-like bench）

可供二人同坐的宽大的长凳，面板为实木或心板为藤屉。

大木作（the architecture, the architectural）

古代中国木构架建筑的主要结构部分，由柱、梁、枋、檩等组成，大木作指建筑木构架主要的承重部分。大木作有一套完整、复杂、科学的设计工艺与制度。宋代将房屋的附属物平棋、藻井、勾栏、博缝、悬鱼等归入小木作，明清时又将其归入大木作。小木作多指建筑内部陈设的家具及其他木制器物的设计、工艺与制作制度。

劈料及劈料家具（bamboo-style furniture, a bamboo structure）
在同一家具构件上造两个或更多的平行混面线脚，其平行混面线脚形似半块圆竹。

冰盘沿（reeded cornice, table descending）
大边与抹头外缘上部喷出下部收敛的线脚，形如盘碗边缘的断面轮廓。

矮老（bar, short propping upright）
用于枨子与其上部构件（如罗锅枨或直枨与面板）之间的短柱，呈圆形或方形，或用于牙条之间。

攒牙子（latticed spandrels）
用攒接的方法，将长短不一的直材组成透空的牙子。

琴桌（a psaltery table）
为弹琴而制的条桌。据艾克先生所述，约翰·霍普－约翰斯通提议将琴桌译为"psaltery table"。琴桌即琴台，明人文震亨对于琴桌的理解大有异于常人："以河南郑州所造古郭公砖，上有方胜及象眼花者，以作琴台，取其中空发响，然此实宜置盆景及古石。当更制一小儿，长过琴一尺，高二尺八寸，阔容三琴者，为雅。坐用胡床，两手更便运动，须比他坐稍高，则手不费力。更有紫檀为边，以锡为池，水晶为面者，于台中置水蓄鱼藻，实俗制也。"

翘头（the up-turned board end）
家具面板两端往上翘起的部分，下大上小，呈鸟翼形。

翘头案（trestle table）
带翘头的案子。

开光（opening）
在器物上某一部位界出框格，饰以雕刻或镂空成各种形状，或安圈口，饰以瘿木、文石或其他纹饰，即为开光。这种装饰手法多用于家具、漆器、陶器或景泰蓝。

亮脚（a lower cutout）
椅子靠背板、围屏、床围子等下部的镂空部分。

巴洛克式（Barroque, Barroque style）
也译为"巴罗克"，源于葡萄牙语"barrocco"，原意为畸形的珍珠，也有扭曲、怪诞、不整齐之意。18世纪末新古典理论家评价17世纪意大利艺术风格时将之贬称为巴洛克式（Barroque style）。键和田务在《西方历代家具样式》中说："17世纪中期以后，在室内装饰领域文艺复兴样式的严格比例、古典题材和对称结构，开始向不平衡的跃动形装饰样式转变。这就是所谓的巴罗克样式。巴罗克样式，作为一种炫耀罗马天主教教会权威的样式，起源于梵蒂冈圣彼得大教堂的装饰。"巴洛克家具过于重视繁复层叠的各种纹饰的雕刻，形式、尺寸夸张，将各种材料如大理石、仿石材、织物、骨、甲和金属的镶嵌技术推向极致。这些都是巴洛克家具的典型特征。

藤屉（cane seat, caned seat）

即用藤编织的软屉，多用于椅、案、凳或床榻类。

经柜（chest for Buddhist scriptures）

贮存经书、僧衣的柜橱，其形制多样，因陈设于不同空间，其用途也不一样。

联帮棍（separate upright）

又有"镰刀把"之称，即扶手椅后腿与鹅脖之间的一根立材，上接扶手，下与椅盘相连。

鹅脖（the extension of the front legs）

鹅脖即椅子前腿在椅盘上延伸并与扶手连接的部分，鹅脖与扶手连接处多饰以角牙，起固定和装饰作用。

哥特式衣褶（the Gothic Linenfold）

也译为哥特式衣褶纹。哥特式艺术兴于12世纪后半叶的西欧，艺术品中的人物衣褶层叠，并以不同形式反复出现于建筑、雕塑、绘画及其他艺术品中。哥特式衣褶更多地用于教皇建筑装饰与人物雕刻。家具也借用教皇艺术，花卉、藤蔓及后期的尖拱、三叶饰、四叶饰、S形曲线均出现在家具装饰上，这些都是受到哥特式衣褶的影响。

比利时佛拉芒斯家具（the Perpendicular Flemish）

16世纪以前，佛拉芒族人主要聚集于今比利时北部和法国北部，故该区称为佛拉芒斯（Flemish），法国西北及比利时西部地区称佛兰德斯（Flanders）。意大利文艺复兴式家具16世纪传入佛拉芒斯，后来法国文艺复兴式家具也来到佛拉芒斯，两地的家具造型、雕刻与镶嵌技术、纹饰均极大地影响了佛拉芒斯家具，建筑柱饰、涡卷饰、神话形象和民间艺术形象于各式家具中均可以看到，形成了华丽、雅致、精细的佛拉芒斯家具风格，成为当时欧洲家具美好的典范。

檀香紫檀（*Pterocarpus santalinus*）

俗称紫檀、紫檀木、小叶紫檀、金星紫檀等，英文为 Red sandalwood，Red sanders，隶豆科（*Leguminosae*）紫檀属（*Pterocarpus*），原产于印度南部、东南部。

紫檀素（santalin）

紫檀木中的一种色素。

檀香木（white sandalwood）

又有白檀之称，隶檀香科（*Santalaceae*）檀香属（*Santalum*），原产于东帝汶、印度、斯里兰卡。

两粤黄檀（*Dalbergia benthamii*）

别称藤春（海南澄迈）、两粤檀，隶豆科（*Leguminosae*）黄檀属（*Dalbergia*），分布于广东、海南、广西，多生长于疏林或灌木丛中，攀缘于树上，故不可能为家具用材。

黄檀（*Dalbergia hupeana*）

别称檀树、檀木、白檀树、白檀，英文为Hupeh rosewood，主产于长江流域，木材黄色，浅黄褐至黄褐色，常用于家具制作。

贸易名称（trade name）

国内或国际木材交易市场上常用约定俗成的名称来命名某一种木材，故一种木材可能在不同地区有不同的称谓。

黑柿木（*Diospyros kaki*）

隶柿树科（*Ebenaceae*）柿树属（*Diospyros*），英文为black persimmon wood，kaki persimmon。原产于中国，日本也有分布，唐宋时期为禅寺家具与其他器物的主要用材。唐代黑柿木家具主要藏于日本奈良正仓院。

苏木汁（sappan juice）

苏木（*Caesalpinia sappan*），隶云实科［苏木科］（*Caesalpiniaceae*）云实属［苏木属］（*Caesalpinia*），又称苏枋、苏方，是一种可作红色染料的树木，产于热带亚洲、海南岛等地。晋代嵇含《南方草木状》称："苏枋，树类槐。花黄，黑子，出九真。有人以染黄绦。渍以大庾之水则色愈深。"胡道静《今本〈南方草木状〉的几个问题》中说："苏枋这种小乔木的心材，浸液可做红色染料，而根材却可做黄色染料；心材浸入热水染成鲜红的桃红色，但加醋则变成黄色，再加碱又复原为红色。系因苏枋的木部含有巴西苏木素（brasilin）及苏木酚（sappanin），即2，4，3'，4'－四羟基联苯）之故。"

古代苏木为南洋各国之贡物，主要用作染料，也用于柿木、铁力木家具的表面处理。《广东新语》中说，铁力木"作成器时，以浓苏木水或胭脂水三四染之，乃以浙中生漆精薄涂之，光莹如玉如紫檀"。

高级花梨木（high-grade hua-li wood）

艾克认为是一种自宋或更早直至清初硬木家具的主要原材料，应为产于海南岛的高质量黄花梨。

黄花梨（huang-hua-li）

亦称黄花黎。艾克认为此种木材主要出现在明及清早期，是真正的黄花梨，即产于海南的降香黄檀（*Dalbergia odorifera* T. Chen）。

老花梨（lao-hua-li）

艾克特别强调这种木材 19 世纪初叶大量使用，毫无光泽，颜色棕黄。因未见实物，推测此种木材可能是一般的花梨木，即草花梨。

新花梨（hsin-hua-li）

主要是产于东南亚的紫檀属花梨木类花梨木，包括产于缅甸、泰国、柬埔寨、老挝、越南的大果紫檀（*Pterocarpus macrocarpus*）和产于南亚、东南亚的印度紫檀（*Pterocarpus indicus*）。

花榈木（*Ormosia henryi*）

唐燿《中国木材学》称其为"亨利红豆树"，主要分布于浙江、江西、湖北、云南及广东。尤以浙江为甚，浙南将花榈木又称为"花梨木"。心材初锯，深黄色，后变为深褐色，花纹美丽如鸂鶒，故为古代鸂鶒木的一种。

麝香木（musk wood）

这一名词源于宋人赵汝适《诸蕃志》："麝香木出占城、真腊。树老仆湮没于土而腐，以熟脱者为上。其气依稀似麝，故谓之麝香。若伐生木取之，则气劲而恶，是为下品。泉人多以为器用，如花梨木之类。"叶廷珪《名香谱》也称："麝香木出占城国，树老而仆，埋于土而腐，外黑，内黄赤，其气类于麝，故名焉，其品之下者，盖缘伐生树而取香，故其气恶而劲。此香宾瞳胧尤多。南人以为器皿，如花梨木类。"

潮化（humification）

木材采伐后置于山中或埋入泥土，通过雨水、潮气的反复作用而改变木材的颜色、油性、光泽。

醇化过程（a maturing and discolouring process）

木材采伐后如置于山野，或埋入泥土，沉入河塘，除了减缓木材的内应力外，木材还不容易开裂、翘曲，其材色纯一、光泽柔和、油性饱满。产于海南岛的黄花梨采伐后一般弃于山地或房屋周围，任其日晒雨淋、虫蚀，几年后颜色一致且趋于红褐色，油性好，花纹清晰。这是珍稀名贵木材处理很重要的一个手段，称为醇化过程。

亚种（sub-species）

植物分类等级有六个：门、纲、目、科、属、种，有时也有辅助等级：亚门、亚纲、亚目、亚科、亚属、组、亚种。最常用的便是科、属、种。

"种是分类学的基本单位，它是由一群形态类似的个体所组成，来自共同的祖先，并繁衍出类似的后代。"根据林奈的双命名法，一个完整的种名由三部分构成，即属名 + 种加词 + 命名人(常缩写)。种下等级单位常有亚种(sub-species)、变种(variety)和变型(form)。

亚种，一般用于在形态上较大的变异且占据有不同分布区的变异类型（参考祁承经、汤庚国主编《树木学（南方本）》〔第 2 版〕，中国林业出版社，1994 ）。

瘿木 (burl, burlwood)

瘿木，又称影木，指树木在生长过程中遇到真菌、病虫害的作用而产生的疤节，所产生的瘿纹也因树种不同,所产生的部位不同而多变。有人认为树根结瘿称瘿,树干结瘿为影。

瘿纹多用于家具的镶嵌或心板，如案面心、柜门心，桌面心、机凳面心、官皮箱等，起到画龙点睛之功用。

安波那花梨瘿 (Amboyna)

安波那花梨瘿即印度紫檀瘿木，花纹细密回旋如葡萄状，是国际瘿木市场十分名贵的原材料。Amboyna，又写作 Amboina，今多写作 Amboy，译为安汶，位于印度尼西亚马鲁古（Muluku）省的中马鲁古（Muluku Tengah），著名的安波那花梨瘿即生长于安汶的塞兰岛（Seram）。最大最美的花梨瘿几乎只生长于此。1521 年，葡萄牙人为丁香贸易在此建立殖民点。后又经过荷兰人、英国人的殖民统治，这里原生的花梨瘿采伐殆尽。后来以产于巴布亚新几内亚、菲律宾及南太平洋其他岛国或南亚、东南亚的花梨瘿替代安波那花梨瘿。

红木 (Hungmu)

一般分为老红木与新红木，即产于东南亚的交趾黄檀 (*Dalbergia cochinchinensis* Pierre) 和奥氏黄檀 (*Dalbergia oliveri* Prain)。

老红木 (Old Hungmu)

即交趾黄檀，主产于泰国、柬埔寨、老挝和越南南部，清中期开始进入中国。

孔雀豆 (*Adenanthera pavonina*)

别称海红豆、红豆、相思树，英文名 coral wood，产于广东、海南、广西、云南和喜马拉雅山东部，心材红褐或黄褐色，木材硬重，花纹漂亮，是家具制作的重要用材。有学者将其列入红木类是不妥的。从其纹理上来看，可以归入鸂鶒木类。

黑檀 (blackwood)

英文中的"blackwood"包括数种不同树种，分隶不同科属，如条纹乌木及其他颜色较深趋于黑色的木材均以"blackwood"命名，中文译成"黑檀"。《中国花梨家具图考》中的"blackwood"指产于印度的阔叶黄檀 (*Dalbergia latifolia*)。

印度玫瑰木（Indian rosewood）

即阔叶黄檀。

阔叶黄檀（*Dalbergia latifolia*）

隶豆科黄檀属，主产于印度、印度尼西亚。《红木》标准将其归入黑酸枝木类，"心材浅金褐、黑褐、紫褐或深紫红色，常有较宽、相距较远的紫黑色条纹"。

真花梨（a real huali）

指品质卓越的海南岛产黄花梨。

花梨木（Padauk）

一般指产于东南亚的大果紫檀（*Pterocarpus macrocarpus*），Padauk 是其英文名称。产于南亚、东南亚及非洲紫檀属树种，有时也称"Padauk"。

菲律宾群岛花梨木（Narra, Narra in the Philippine Islands）

主要指产于菲律宾群岛的花梨木，即印度紫檀（*Pterocarpus indicus*），比重较轻，材色分红、黄两种，但颜色均呈浅色。

安达曼红木（Andaman Redwood）

"Andaman Redwood"指产于印度洋东北部安达曼群岛的花梨木类的安达曼紫檀（*Pterocarpus dalbergioides*），英文"Andaman padauk"。也有专家认为"Andaman Redwood"还应包括印度紫檀（*Pterocarpus indicus*）。

"redwood"又写作"seguola"，一般很少用于指硬木，多指针叶材即软木。

"redwood"又称"加利福尼亚红杉"，除了生长于加利福尼亚外，美国西海岸均有分布。树高可达 104 米，直径可达 4.6 米。纹理通直，心材红褐色。中文名为"北美巨杉"（*Sequoia sempervivens*）。"red wood"除指加利福尼亚红杉较硬的红色木材外，也泛指各种具红色木材的树或木材。

心材（heartwood）

位于树干内侧靠近髓的部分的木材，一般颜色较边材深，由边材演变而成。

边材（sapwood）

位于树干外侧靠近树皮部分的木材，一般颜色较心材浅。

鸡翅木（杞梓木）（chicken-wing wood）

中国古代家具用材中的鸡翅木应写作"鸂鶒木"，明末以后二者并用，乾隆朝造办处档案仍用"鸂鶒木"一说。

古代鸂鶒木主要树种有铁刀木（*Senna siamea*）、红豆树（*Ormosia hosiei*）、小叶红豆（*O. microphylla*）和花榈木（*O. henryi*）。

哥特－文艺复兴式家具（Gothic and Renaissance furniture）

哥特－文艺复兴式家具兴起于英国都铎王朝（Tudor dynasty，1485—1603），这一时期的英国文艺复兴式家具仍然禁锢于哥特式家具的框架中，同时受到意大利建筑、家具、雕刻等多方面艺术的影响，如罗马式的卷草、海豚纹饰与都铎式的玫瑰纹饰结合，掌状纹饰、齿状雕刻毫无例外地出现于英国家具的装饰之中，这种混搭风格便是哥特－文艺复兴式家具的重要特征。

意大利、法国、佛拉芒斯、德国、荷兰的各类工匠、家具设计师与艺术家汇集于英国，创造了独特的吸取欧洲众多家具艺术特点的英国文艺复兴式家具。

橡木（oak）

欧洲及北美地区所使用的橡木来源于壳斗科（*Fagaceae*）栎属（*Quercus*），我国东北林区称之为"柞木"，在木材学中则为"栎木"，分白栎、红栎两组，亦即"白橡""红橡"。

白橡（white oak）比较有代表性的即欧洲栎（*Quercus robur*）及无梗花栎（*Q. petraea*）、美洲白栎（*Q. alba*）、栗栎（*Q. prinus*）等。

红橡（red oak）则有欧洲南部的苦栎（*Q. cerris*）、北美红栎（*Q. rubra*）、黑栎（*Q. velutina*）南方红栎（*Q. shumardii*）等。

橡木、胡桃木、山毛榉、椴木、乌木、黄杨木等均是古代欧洲各个时期的家具主要用材。英国文艺复兴时期的家具便大量采用橡木，藏于维多利亚－阿尔伯特博物馆（Victoria and Albert Museum）的橡木顶盖大床尺寸为 3.5 米 × 3.5 米 × 2.75 米，尺寸之大，如一小型建筑。1550 年前后，德国北部的橡木家具之形式仍为哥特式样，橡木也同样于 16—17 世纪盛行于英国。英国学者哈克·玛格特按照家具用材的变化规律，将英国历史上家具用材的发展规律划分为四个阶段：橡木时代（1500—1660）、胡桃木时代（1660—1720）、桃花心木时代（1720—1770）、椴木时代（1770—19 世纪初）。

俗称（popular name）

按照植物分类学命名，每一种植物只有一个正式的植物学名称（the botanical name）。但实际上，同一种植物在不同时期、不同地区也有不少其他的名称，如檀香紫檀（*P. santalinus*），在中国又有紫檀、紫㫛檀、紫檀木、金星紫檀、小叶紫檀等多种称谓，这些称谓即是俗称。

鹧鸪木（partridge wood）

鹧鸪木是无刺甘蓝豆木（*Andira inermis*）的俗称，是对这种木材表面特征的一个描述。

无刺甘蓝豆木（*Andira inermis*）

隶豆科甘蓝豆属（*Andira*），中北美及南美洲均有分布。心材红褐色，弦切面上是浅色条纹，纹如鹧鸪，产于圭亚那的无刺甘蓝豆木，气干密度为 0.87g/m³，而产于西印度群岛的则只有 0.58g/m³，密度变化比较大。

铁刀木（*Cassia siamea* Lam.）

原为豆科铁刀木属（*Cassia*），现改为豆科决明属（*Senna*），主产于中国云南、福建、广东、广西、海南，南亚、东南亚也有分布，心材栗褐色，金黄色与栗褐色条纹相间，纹如鸂鶒，是中国经典古代家具用材的主要来源之一。

红豆树（*Ormosia hosiei*）

隶属于豆科红豆属（*Ormosia*），产于江苏、浙江、福建、广西、湖北、四川、陕西，心材栗褐色，与花榈木纹理近似，如鸂鶒纹，故为古代如鸂鶒木之一种。

白铜（paktong）

即铜、镍、锌合金（a copper nickel-zinc alloy），三者所占比例不同，其颜色、光泽也相异。白铜主要用于家具及其他器物的金属配件，如面页、合页、拉手等。

落堂踩鼓（a sunken panel, sunken rectangular borderstrip）

装板的四边削薄，低于边框，中间不动，形成凸出的小平台，即为落堂踩鼓。

面页（the lock and handle plate）

钉在箱、框或抽屉脸上的金属叶片，有光素者，有饰各种纹饰者，形状变化不一。

合页（the hinge plate）

也称合叶，即由两片金属构成的铰链，用于门、柜、框、窗上。

包镶与贴皮工艺（Veneer）

雍正、乾隆两朝造办处档案中，建筑、内檐装饰如立柱、门窗、槅扇、炕罩及各式家具均有采用包镶工艺的记录。

乾隆九年裱作十月初四日，"司库白世来说，太监胡世杰传旨：怀清芬西次间屋内着照弘德殿现陈设案之款式做高丽木包镶案一张，再着励宗万画画一张。得时，裱大画一轴，随案挂。钦此"。

九年广木作四月十六日，"高丽木包镶龛"，五月二十日，"花梨木包镶龛"。

十年匣作十二月初四日，"紫檀木包镶楠木文雅书格"。

十一年木作闰三月十五日，"紫檀木包镶屏风一座"。

中国古代家具包镶工艺源于何时，仍有争论，有人认为源于明朝，也有人认为源于清初。现存于日本正仓院的唐代遗物，如"紫檀木画挟轼"（即凭几）所用木材即有紫檀、黑柿、黄杨木、楠木（一说香樟）、乌木，凭几之面为紫檀，胎为楠木。有专家认为这是贴皮工艺，而不是包镶工艺。有明确记录的确实始于雍乾时期。

包镶工艺，多用高等级且珍贵的硬木如紫檀、黄花梨、乌木、黑柿等木材，切为厚度约0.8—1.0厘米的薄板为面，其胎则用楠木、柏木、松木、杉木、楸木、椴木等稳定性好的软木。柞木多产于东北长白山林区及华北诸省，亦称高丽木，尤以原产于朝鲜半岛的柞木为佳，其数量较大，为何也采用包镶工艺？包镶工艺，需超高的技巧，其转折、起始之处全为隐蔽，常人很难辨识。故包镶工艺也是高等级工匠斗巧、斗智的一种途径。当然包镶工艺可以节约大量珍稀木材，使家具的稳定性更好，轻便易搬运，也是其考虑的重要因素。清中期及清中期以后，也有不少红木包镶家具产生。

贴皮工艺，表面使用的珍稀木材厚度更薄，约 0.3—0.5 厘米，如当今之单板。有人认为其等级低于包镶工艺，或者是弄虚作假的一种低劣方法。如果正仓院的唐代遗物为贴皮工艺，这一固有结论可能会有所改变。

广东中山的缪景雄先生认为："包镶和贴皮工艺基本相同，前者比后者更讲究。顾名思义，包括'包'（相当于贴皮）和'镶'的工艺的运用，通常是多种材料混合使用，并且设计出各种组合图案，其目的为使装饰效果更丰富多彩。贴皮，则通常采用单一材料，目的是仿出原材料的效果。包镶工艺在西洋高级古典家具中的应用十分广泛和成熟，构图华美，与遗存的唐代棋具之装饰手法和效果十分相似（最早起源于何时，还无资料可查）。而传世的贴皮家具一般在清中期以后，普遍认为是因惜材之故而采用的一种掩饰工艺。"

阳线（bead, beading）

高出家具构件平面或混面凸起的线形。

线脚（moulding）

家具构件截断面边缘线的造型线式，即各种线条的凹凸面之总称。

断纹（fissures, longitudinal fissures）

这里的断纹是指家具表面的黑漆（an external black lacquer coating with characteristic, longitudinal fissures），可以借之判断家具的年代。漆面断纹是长期使用，移动时受到震动、风化等因素影响，形成的一种不规则的断痕，非数百年而不能形成。

供桌（the offering table）

置于厅堂的一种长方形桌子，高度比一般桌子高，常用于祭祀时摆放供品。

包浆（patina, the matured hue）

器物经过长时间与大自然接触，形成一层与原器物相异的光泽，有时颜色也会发生变化。古旧家具的包浆，除了日常使用与人接触易产生包浆外，与其所用木材的材性有关，即油性大、比重大的木材易产生包浆，如紫檀、乌木、黄花梨等。

民俗家具（乡村家具）（the rustic furniture）

指农村或一般家庭使用的家具，其用材、器型可能不太讲究，尤其关注家具的实用性，多为就地取材。

格肩榫（the mitre）

在大边和抹头的两端分别做出 45° 斜边，造出榫卯，即为格肩榫。一般大边出榫，入抹头榫，即抹头处作榫眼。明榫在两侧，没有纹理的横切面则隐藏起来。

委角（cusp）

器物之直角由两边向内收缩成八角形，北京匠师称"委（wǒ）角"，江南匠师称之为"劈角做"。

泥鳅背（concave moulding）

混面的别称，即高起的素凸面，将方形的边棱倒成圆形。

分心花（a central scallop ornament）

刻在牙条正中的花纹。

圈口（inner frame）

王世襄《明式家具研究》："四根板条安装在方形或长方形的框格中，形成完整周圈，故曰'圈口'。""三根板条安装在方形或长方形的框格中，形成拱券状，故曰'券口'。"

鸟居（the Japanese torii）

类似牌坊的日本神社建筑。鸟居的设立，代表神域的入口，也是区别神栖息的神域与人类居住的世俗界之标志。鸟居所用材料多为木材，如桧木、日本杉、松等，保持木材之原色与纹理，也有用石、铁、铜来成造的。其大致结构为三部分：立柱两根、柱上的笠木和岛木、插入两柱间的贯。

外文中国古代家具专业名词列表

A

actual 实用的、实际的
  actual furniture 实用家具
  actual size 实际尺寸、原尺寸
  the actual platform structure 实用的台式结构
adapt（家具的）改良、改造、改变
  adaptation（家具的）改造、仿制、仿制品
  a T'ang adaptation 一件唐代仿品
  the adapted Chinese chair 改良后的中国椅子
Adenanthera pavonina 孔雀豆（海红豆）
aesthetic 审美的、美学的、艺术的
  aesthetic appeal 审美追求（情趣、趣向）、艺术魅力
  （追求）
  aesthetic value 美学价值
  aesthetic speculation 美学猜想
air-dried 人工干燥的、气干的（木材已在空气中进行过
  自然干燥，气干的含水率较高，一般在 10%—20%）
  air-dried wood 人工干燥过的木材、气干材，也写作
  "air-seasoned timber"
  air-dry 人工干燥、气干状态（木材的含水率约与其
  所在环境的大气条件达到或接近平衡）
alcove 壁龛（房屋内墙壁凹进空间）、壁凹
alcove bed 拔步床
  alcove bedstead 拔步床
alloy 合金
  a copper-nickel-zinc alloy 铜镍锌合金
Amboyna 印度尼西亚安波那花梨瘿
Andira inermis 无刺甘蓝豆木

ancestry 祖先、世系、原型
  a neolithic ancestry 新石器时代的原型
  ancestal hall 宗祠、祠堂
  ancestor 祖先、祖宗、先祖
  ancestor of this side board 这种条案的祖先
apron 牙板、牙条
  the apron cusp 壶门牙子（牙板）
  apron-like notch-board 牙子、牙板（呈 V 形的牙板，
  多指壶门牙子）
  a plain bracketed apron 素牙条、素牙板
  a structural apron（结构性）牙板
  the broken contours of the apron 牙板的起伏轮廓
archaic 古代的、早期的、陈旧的
  archaic art 古代艺术
  archaic structure 早期的结构
  archaic box 古代的箱子（箱形家具）
  an archaic appearance 古朴的风貌
  an archaic construction 古朴结构、古老结构
  the archaic prototype 早期原型
architectural 大木梁架结构的、大木作
  architectural character 建筑特征、大木作特征
  architectural timber frame 木结构建筑
  architecture 大木梁架结构、大木作
arm 扶手
  side arm 扶手
  armchair 扶手椅
  armchair with circular rest 圈椅、玫瑰椅
  armchair with splat-back and yoke 四出头官帽椅

armchair with splat and closed back-frame 南官帽椅

armchair with splat-back and circular rest 圈椅

armchair in the bamboo style 劈料玫瑰椅

arm-rest（床榻的）侧面围子

arm-support 凭几

B

back 靠背

back-rest（床榻的）正面围子

back chair 靠背椅

back chair with splat-back and yoke 灯挂椅、靠背椅
（有靠背板和搭脑的）

bamboo 竹、竹制品、竹器

a bamboo structure 劈料（或仿竹）家具

bamboo construction 劈料（或仿竹）造法（构造）

bamboo designs 劈料（或仿竹）家具（设计）

the bamboo prototype 劈料（或仿竹）家具原型

bamboo style 劈料（或仿竹）式样

bamboo style table 劈料桌（案）子

bamboo style stool 劈料凳子

bar 矮老、棂条、短柱、木杆、木棚条

lattice bars of huali wood 花梨木格子棂条

baroque 巴洛克

bat 蝙蝠纹

bead 阳线

beading 阳线

bed 床

bedstead 架子床

four-poster bed 四柱架子床、四柱床

testered bedstead 架子床

tester bed 拔步床、架子床

bedroom 卧室

bed chamber 卧室

bench 条凳、春凳

bench table 春凳

couch-like bench 春凳

a small squatting bench 小板凳

bibelot 古玩、小件

bipartition 两部构造（指攒框与装板）

biparted frame and panel construction 攒框装板
造法（结构）

the bipartite substructure 攒框装板结构的下半
部分（或译"两部分结构的下半部分"）

black 黑色的、深色的

blackwood 黑檀、黑木

board 板、板面、案

side board 条案、山板、侧板

top board 案面、案心

a concave top board 下凹的板面（板凳面）

a plain top board 素心板、素面板

board supported on separate stand 架几案

botanical 植物学的

botanical name 植物学名称

botanical identification 植物学鉴定

botanical attribution 植物学分类方法

bottom 下端、底框

bottom part 底部、托子、托泥

the bottom sill 托子

the bottom frame 托泥、底部框架（边框）

the bottom shelf 底格、底部搁板

a bottom frame 管脚枨、托泥

adding feet underneath a bottom frame 管脚枨
下加足

bow 弓形椅圈、弓形、弓

the sweep of bow（从后往前倾斜的）椅圈

box 箱子、盒子

the box with stand 带底座的箱子

the archaic box 古代的（早期的）箱子（箱形家具）

box construction 箱式结构

box-derived platform 由箱形结构衍生的家具
（桌、案）

box-like structure 箱式家具

brace 支架、支撑、支撑物、霸王枨、角牙

the oblique brace 霸王枨

braced top 支撑桌（案）面，由霸王枨支撑的桌
（案）面

braced-top table 带霸王枨的桌

braced-top stand 带霸王枨的香几

a modified lateral bracing 改良的侧面角牙

bracket 角撑架、托架、托座、牙头

the oblique corner bracket 斜角牙子

bracket table 一腿三牙画案（方桌）

side bracket 侧面曲栅足

bronze 青铜器（艺术品）

bronze-casting 青铜铸件（制品）

bronze tray 青铜禁

the bronze stand 铜座

burl 瘿木

burl wood 瘿木

an ornamental burl wood panel 装饰性瘿纹板

C

cabinet 柜（圆角柜、书柜、方角柜）

  cabinet wood 家具用材

  cabinet-work 细木工，细木工家具

  cabinet-making 家具制作

  portable cabinet 药箱（柜）、文具箱

cabriole 弯腿

  cabriole curve 弯腿曲线、三弯腿曲线

  cabriole leg 三弯腿

cane 藤

  cane seat 藤屉、软屉

  the construction of the cane seat 藤屉的结构，藤屉的编制方法

  a vertical caned frame 竖向藤编网格

caning 编藤

  an elastic caning 有弹性的藤编

  the original caning 原有的藤编

canopy（床等的）罩盖、床顶子、罩篷、天篷

  separate construction of bed and canopy 床和床顶分开成造

carcase（家具的）骨架、结构的主体部分

  the archaic box with its frame and panel carcase 具攒框装板骨架的早期箱形家具

cartouche 寿字纹

  a carved cartouche 雕刻寿字纹

carve 雕刻

  carved stand 带雕刻的底座

  carving 雕刻（或雕刻作品）

  stone carvings 石雕

  wood carvings 木雕

  carving knife 雕刻刀具

  sumptuous carvings 奢华的雕饰

case 大箱子、盒、匣、柜

  square case 方角柜

  a jewel case 首饰盒

  a bookcase 书柜、书橱

  the primitive case 原始橱柜

  a case with stand 带底座的橱柜

Cassia siamea Lam. 铁刀木

Ceiling 天花板

  centralised timber ceilings 藻井

chair 椅

  chair cover 椅罩

  chair cushion 椅垫

  folding chair 交椅

cord 细绳、绳

  chamaerops cord 棕绳（用于编制家具软屉）

chest 橱、柜、大箱子

  chest of drawers 带抽屉的衣柜

  a plain chest 素柜（无任何纹饰者）

  the primitive chest 最原始的橱柜

  low chest 矮橱

  three superimposed low chests 三层叠加的矮柜

  splay-leg chest 带侧脚的橱（联二橱、联三橱）

  chest for Buddhist scriptures 佛教经柜

chronology 年代表

  chronological 按年代顺序排列的

  a correct chronological order 一个准确的年代顺序

circular 圆形的

  the circular rest 圆形椅圈

  circular stand with three legs 三足圆香几

  circular stand with five legs 五足圆香几

  circular stand(seat)in form of a melon 瓜棱式坐墩

  circular stand(seat)in form of a drum 鼓墩

clamp 穿带

  a central clamp 中间穿带

cleat 榫钉

clothes-rack 衣架

club-food 马蹄足

coffer 橱

  an ancient coffer-like receptacle 古代箱形容器

  high-standing coffers with top board 闷户橱

  high-standing coffer 翘头联二橱、翘头联三橱

  the high-standing splay-leg coffer 门户橱、闷户橱

collection 收藏品

colour 材色

  amber-coloured 琥珀色的

  a blackish violet colour 黑紫色

  a brownish violet colour 褐紫色

  a deep coffee-colour 深咖啡色

  lighter coloured 浅颜色的

  the delicate colour tones 雅致的色调

  a colouring matter 一种有色物质

compound 组合

  a compound design 组合式设计

  compound wardrobes 顶箱柜

  compound cabinet 上小下大组合方角柜

  compound cases in four parts 四件柜（或称大柜）

  compound wardrobe in four parts 四件柜

  compound wardrobe in two parts 顶箱柜

contrivance 人工产物、非自然之物、精巧的装置

    a metal translation of a wooden contrivance 一件木器的金属复制品

construction 建筑、构造、结构

    the construction of the movable platform 可移动的桌案造法

    the construction of Chinese furniture 中国家具结构（构造）

    a platform construction 台式构造

    a new method of construction 一种新的构造方法

conventional 传统的、固有的

    the conventional style 传统的形式

    a conventional conception 传统观念（概念）

cornice 檐口、劈料

    reeded cornice 劈料

couch 榻

    couch table 炕桌

    couch railings 卧榻围子

    the couch with railing 带围子的罗汉床

cover 顶、盖

    a hanging cover 宝盖结构

craft 手艺、工艺、技巧、技能、技艺

    ancient and noble craft 古老而高雅的手艺

    craftsman 工匠、手艺人、工艺师

    craftsmanship 手艺、技艺、精工细作

crest 搭脑、山顶、波峰

cross 交叉、重叠

    cross-legged 盘腿的、结跏趺坐

    a kneeling or cross-legged posture 下跪或盘腿姿势

    be cross-legged on a mat 盘腿坐于席上

    squatting and cross-legging 席地而坐

    the cross-legged figure of the Hindu god 结跏趺坐印度教神像

    cross section 横切面

curve 曲线

    curved 曲线的

    curved spindle 曲栅

    C-curved leg 鼓腿

    curving 曲线

    ogee curve S 形曲线

    the curvilinear principle 曲线规则

cupboard 橱柜、衣物柜

    high-standing cupboard 立柜

    low-standing cupboard 矮橱柜

cusp 委角（两曲线相交的）尖点、会切点、交点

    the cusped arch 壶门

    the cusped and ogeed arch 壶门

    the cusped and ogeed arch 壶门、壶门轮廓牙子

cutout 透雕、开光

    cutout panel 镂空的立面板

    panel cutout 镂空的绦环板

    the curving of the panel cutout 立面板（侧板）镂空部分的曲线

    a lower narrow cutout 狭长的亮脚

D

dais 榻

    the ceremonial dais 榻（多指陈设于中堂的，具有仪式感的榻）

    the frame and panel construction of the dais 榻的攒框装板造法（结构）

datable 有年份记录的

    datable furniture 有年份记录的家具

    dating 确定年代

    date 年代、确定年代

    a given date 一确切的年代

Dalbergia 黄檀属

    Dalbergia species 黄檀属树种

    Dalbergia latifolia 阔叶黄檀

    D. benthamii 两粤黄檀

    D. hupeana 黄檀

decoration 装饰

    a decoration in relief 浮雕装饰

    decorator 装饰设计师、（房屋的）油漆匠、裱糊匠

derivative 衍生物、派生物

detach （家具）拆开、分开

    detachable （家具）可拆卸的

    a detachable top board 可拆卸的面板（桌面、案面）

    complete trestle table with detachable top board 完整的带有可拆卸案面的架几案

determination 检测

    the determination of a sample of Ming cabinet wood 检测每一块明代家具所用木材标本

device 装置、机关

    the tongue and groove device 龙凤榫

door 门

    door wing 门扇

    chest of the door wing 闷户橱

dowel 销钉

    dowel pin 销钉

dovetail 燕尾榫、半银锭榫

    housed dovetail 穴入燕尾榫

dovetail clamp of the panel 燕尾榫

dovetailed transverse brace 穿带

dovetailed transverse stretcher 穿带

draughtsman 绘图员

drawer 抽屉

the front panel of the drawer 抽屉脸、抽屉面

drawing 制图、绘图

in line drawing 以线条绘制（图）

drawing knife 刮刀

E

ebonist 乌木工

the English ebonist 英国乌木工

the western ebonist 西方乌木工

elastic 弹性的

elastic cane 有弹性的藤编

elasticity 弹性

the elasticity of the rosewoods 玫瑰木的弹性

elmwood 榆木

embroidery 刺绣

exhaustion 枯竭、用尽

the exhaustion of the supply of nobler rosewoods 名贵
的玫瑰木来源枯竭

extension 延伸

extensions of the front legs 鹅脖

the bracketed extensions of the front legs 带牙子的鹅脖

F

felling 木材采伐

the time of felling 采伐时间

fibric 木材纤维的

fibric energy 木材的韧性

figure 花纹、图像

finish（家具或木材的）表面处理

the finish of the higher grades of hardwood furniture
高级硬木家具的表面处理

fitting（设备或家具的）小配饰

fissure 裂隙、断纹

longitudinal fissures 断纹

an external black lacquer coating with characteristic
longitudinal fissures 家具表面之黑漆断纹

flagstone 石板、地面砖

black polished flagstone 金砖

flute 凹槽的

flute chamfer 圆凹槽

flat hollow 平凹槽

fluted 打洼的

the fluted chamfers of the edges 打洼的边抹

foot（家具的）腿足

foot-stool 踏床、脚踏、脚踏凳、滚凳

a foot-rest 踏床、脚踏枨

the open foot 曲尺形腿足

form（家具的）形式、形制

diverse forms 多种多样的形式

a foot form 腿足形式

an obsolete Chinese cupboard form 一种稀见的中国
橱柜式样

S-form S 形

the simple structural form 简朴的家具结构形式

the basic forms 基本形式（形制）

fragment 碎片、残片

fragments of actual furniture from Han sites 汉代遗址
的实用家具残片

frame 框架、边框、构架、支架、骨架

the supporting frames 作为支撑的框架

panel doors with frames 带框架的板门

the mitred frame 格肩榫框架

the frame and panel construction 攒框装板结构（造法）

furniture 家具

a history of Chinese furniture 中国家具史

Chinese domestic furniture 中国日用家具

traditional furniture 传统家具

the older huali furniture 老花梨家具

red sandalwood furniture 紫檀家具

plain old rosewood furniture 素朴的老玫瑰木家具

the cheaper furniture 便宜家具

patrician household furniture 上流社会家庭的家具

rustic furniture 乡土家具、民俗家具、柴木家具

T'ang articles of furniture 唐代家具

movable furniture 可移动家具

function 功能、作用

the function of load and stay in furniture design 家具
设计中的承载功能

functional 实用的、功能的

functional joinery 实用的细木工（制品）

functional conception of form 实用的造型观念

G

genus（植物的）属

genera 属（复数）

272

lattice-work 直棂槅扇，格子
latticed partition 格子状槅扇
layout 平面布局
Leguminosae 豆科
leg 腿
  rounded leg 圆腿
  square leg 方腿
  the inner splay of the legs 腿足内卷
leisure 闲暇、休闲
  the leisured class 有闲阶级、有闲阶层
line 线条
  line drawing 线绘
  straight line 直线
  linear 线状的、直线的
  linear figure 线形图案
lineage 世系、宗系、家系、血统、渊源
  the ancient lineage of the yoke constructure 轭式结构
  的血统（渊源）
log 原木（采伐后按一定长度制材而未被进一步加工的）
  logs of inferior quality 质量稍差的原木
low 矮的
  low table 矮桌
  low cupboard with drawers 带抽屉的矮柜、带翘头联
  三橱、带翘头三屉柜橱
  low chest 矮橱
  low-standing cupboard 矮橱柜
lustre 光泽
  the lustre of the golden-yellow rosewood 玫瑰木金黄
  色的光泽
  a rich satin-like lustre 艳如绸缎的光泽
  the time-wrought lustre 时光打磨出的光泽
  tarnishing lustre 柔和的光泽

M

marble 大理石
  coloured Yünan(Tali) marble 云南大理石
marking 斑点、斑纹
material 材料、原料
  raw material 原材料
  the solid material 整料（一木整挖）、实心木材
  the old material 旧料、老料
mattress 垫子
  the mattress of the couch 榻垫
mature 成熟
  the matured hue 包浆

a maturing and discolouring process（木材）醇化过程
measure 实测
  measured drawing 实测图、测绘图
meat-board 切肉案板
medial 中间
  the Medial Section 黄金分割原理
medicine 药、医学
  medicine cabinet 药橱
  medicine box 官皮箱（原文中标注为"药箱"）
metal 五金、金属
  metal mount 五金配饰
  arched metal mounts 如意云头形的金属饰件
  metal nail 金属钉
the mitre 格肩榫
  the mitre joint 格肩榫
  the technique of the mitred frame 格肩榫框架技术
mode（艺术、家具的）形式、风格、式样、方式
  the two principal modes of joinery 家具的两个主要形式
modification（家具的）改良、修改
  new modifications of the cusped arch 壸门新的改良
  modify（尤指改变较少的家具）修改、改良
  a modified lateral bracing 改良的侧面角牙
mortise 榫卯、榫孔
  mortise and tenon construction 榫卯结构
motif 纹饰、装饰图案
  splat motif 靠背板纹饰图案
  decorative motif 装饰
moulding 线脚
  concave moulding 洼面、起洼、打洼
  a convex moulding 混面
mongrel 杂种、混血的
  mongrel character 混搭风格、融合特征
mullion（窗户间的）竖框、直棂
musk-wood 麝香木

N

name（植物、树木）名称
  the common name 通用名称
  the collective name 统称
  the popular name 俗称
narra 菲律宾群岛花梨木，花梨木
native 本地的
  native growth 本地生长
  native soft wood 本地产软木（柴木）
neck-rest 搭脑

the caved neck-rest 搭脑的凹入部分

neolithic 新石器时期的

    a neolithic ancestry 新石器时期的原型

a notch-board 牙板（特别是壶门形式的牙板）

O

oak 柞木、橡木

    the oak of Gothic and Renaissance furniture 哥特－文艺复兴式家具所使用的橡木

occasional 不经常的、为某种特殊场合使用的

    occasional stand 香几、茶几

    occasional table 香几、茶几、平头案、翘头案、条几

odour（尤指难闻的）气味、臭味

    the pleasant odour 芳香香味

ogee S 形、双弯形

opening 开光

    rectangular ornamental opening 矩形装饰性开光

    a medallion-like opening 圆形开光

openwork 透雕、开光的

    sculptured openwork 透雕

origion（家具的）起源、源头、缘起

    original 非复制的、原作的、原来的、源头的、当初的

    original condition（家具的）原状

    the original construction（家具的）原先的结构（造法）

    the original foot 最初的腿足、原来的腿足

ormolus 镀金物

Ormosia hosiei 红豆树

Ormosia henryi 花榈木

ornament 装饰

    ornamental 装饰的

    an ornamental frame 装饰性边框

    ornamentation 装饰

    elements of ornamentation 装饰性元素

    ornamentation head（合页或吊牌）装饰性的端头

overhang 悬挑、吊头

    the lateral overhang of the board-ends（案）面板两端悬挑（吊头）

oxidation 自然氧化

P

padauk 花梨木（指豆科紫檀属花梨木类木材，有些英文词典或文献将其译为"紫檀""紫檀木"，是完全错误的）

padlock 挂锁

    padlock plate 面页

paktong 白铜

partridge wood 鹧鸪木

panel 绦环板、嵌板、镶板、方格板块

    panel cutout 镂空的绦环板

patina（木器或皮草的）光泽、包浆、氧化层，（金属表面的）绿锈、铜锈

    a beautiful green patina 漂亮的绿锈

the Perpendicular Flemish 比利时直立式佛拉芒斯家具

Persian pine 楠木

Persea nanmu 楠木（别称：桢楠、雅楠）

plan 设计、计划

    circular plan 圆形家具（的设计）

    rectangular plan 长方形家具（的设计）

plant 植物、树种

    a variety of plant in different parts of the world 世界各地的不同树种

    platform 台桌、台式、平台、讲台、大案、大桌子

    the construction of the movable platform 可移动的台式家具结构

    a large platform in the middle of the reception hall 厅堂中央的大案台

    platform derivative 台式衍生物

    platform construction 台式结构

    a platform construction with the box design 箱形结构

    round-legged platform 圆腿台式结构

porcelain 瓷器

    blue-and-white porcelain 青花瓷

polish 打磨、抛光、表面处理

    machine polish 机器打磨

    polishing 打磨、抛光

pointed 有尖头的

    pointed ogee arch 带锐角的双 S 曲线壶门

    pointed bracket 尖角牙子

pied-de-biche 鹿蹄形弯腿

pinkish-brown 淡红褐色

pivot 柜门轴、枢轴

pull 拉手

produce 制作、生产、生长

    to be artificially produced 人工仿造

    to be produced chiefly India 主要生长于印度

    produced at the very end of the Ming Dynasty 制作于明末

    production 制作、生产、生长

proportion 比例关系、正确的比例、匀称、等比

    cubic proportions 立体比例关系

    linear proportions 线条均衡

the traditional Chinese sense of proportion 中国传统的和谐均衡的观念

prototype 原始雏形

  a primitive prototype 原始式样（雏形）

  the archaic prototype 古老的原型

  the ancient western prototype 古代西方（家具）的原始雏形

  prototype of the western club-food 西方马蹄足的原始雏形

post 立柱

  the Chinese post and rail design 中国大木梁架设计

  the post and rail construction 立柱与横梁结构（造法）

provenience 来源、出处、产地

  different provenience 不同的来源（产地）

psaltery 萨泰里琴（古代一种用手指弹拨的弦乐器）

  a psaltery table 琴桌

  psaltery stand 琴几

  psaltery table in red lacquer 红漆琴桌

Pterocarpus 紫檀属

  Pterocarpus species 紫檀属树种

  Pterocarpus santalinus 檀香紫檀

  Pterocarpus indicus 印度紫檀

palisander 玫瑰木、红木（尤指产于非洲的紫檀属或黄檀属木材，不能翻译成"紫檀""紫檀木"）

Q

Queen Anne 安妮女王式

the Quattro Cento home 15 世纪欧洲文艺复兴初期意大利家庭

quoin 角、突角、外角

  the quoin support 角牙

  the quoin slats 外侧支撑的薄板（一般由两片夹角的薄板形成的支撑物或脚，非实心的）

R

rack 架

  a gate-like arrow rack 门形箭架

  a T'ang cloth rack 唐代衣架

rail 栏杆、围栏、扶手、枨、横枨、横梁、搭脑

  railing 栏杆、围子

  imported railing 外来的栏杆

  top rail 上枨

  middle rail 中枨

  bottom rail 底枨（下枨）

  moulded rail 罗锅枨

  the horizontal rail 水平横枨

  longitudinal rail 横枨

reconstruction 复制品

  a reconstruction in the T'ang style 唐代家具的复制品

red sandalwood 紫檀木

red sanders 紫檀木

redwood（多指针叶林）加利福尼亚红杉、红杉、红木

Andaman redwood 安达曼红木

reed 皮条线

  reeded cornice 劈料边抹

  reeded moulding 劈料

reparation（家具的）修复

reproduction（家具的）复制、仿制

rest 支撑物、围子

  arm rest（床、榻）侧面围子

  a large-figured single-board rest 一块大花纹的独板围子

rosewood 玫瑰木

  Burmese rosewood 缅甸玫瑰木

  Indian rosewood 印度玫瑰木

  rosewood pieces in the Ming style 明式玫瑰木家具

rococo 洛可可式

ritual 仪式的、礼仪的

  ritual position 礼仪位置

rung 横档

  the front rung is flattened into a foot-rest（椅子下部）前面的横档变成了扁平的脚踏板

S

sacrificial 祭祀用的、献祭的

  sacrificial vessel 礼器、祭器

santalin 紫檀素

Santalinum 檀香属

  Santalinum species 檀香属树种

  white sandalwood 檀香木

sappan 苏木（译注：原文为 sapan，据中国科学院植物研究所编《新编拉汉英植物名称》第 138 页，现纠正为"sappan"）

  sappan juice 苏木汁

sapwood 边材

scallop 扇贝、（器物的）扇形纹饰、图案

  scallop ornament 扇形装饰图案

  a central scallop ornament 分心花

scroll 云纹、云头

  pointed scroll 尖角云头

  foot of the pointed scroll 腿足（由虚向实过渡时期）的尖角云头

wing-like scrolls 翼状云头

a weak scroll 拐子纹（较弱的云纹）

double scrolls 双云头

scrolled bracket 云头牙子

sculpture 雕刻品

shrub 灌木丛

shelf 搁板

the bottom shelf 底格、底部搁板

the bottom shelf of the primitive case 原始橱柜之底格

the sunken shelf 下沉的搁板

side 边

long side 长边、大边

short side 短边、抹头

side brackets 侧面曲栅足

side table 条案、条桌、翘头案、画案、月牙桌、平头案

sill 槛、托子、窗台、门槛

bottom sill 托子

size 尺寸

actual size 实际尺寸、原尺寸

standard size 标准尺寸

in graduated standard sizes 以不同等级的尺寸标准

varying size 各种不同尺寸

spandrel 角牙、牙子

latticed spandrels 攒牙子

the spandrels of the front legs are double scrolls 前足角牙饰双云头

skill 技能、技巧、技艺、技术

practical skill 实用技能（技术）

splat 靠背板

splat-back 靠背

the solid back splat 实心的靠背板

splay 挓、侧脚

splay-leg table 带侧脚的桌子（案子、条凳）

splay-leg couch 带侧脚的长榻

splay-leg trestle bench 带侧脚的条凳

splay-leg stool 带侧脚的机凳

splay-leg stand 带侧脚的架子（几）

splay-leg chest 闷户橱

splay-leg chest of drawers 联二橱（带抽屉的橱柜）

shave 刮刀、刨刀

spoke shave 滚刨、刨刀

spoke shave with wooden handle 木柄弯刨

the old-fashioned Western spoke shave 西方老式刨刀

square 方形的

square table 方桌

squared-legged 方腿的

squared-legged stool 方腿机凳

square leg 方腿

stand 几、架、案、墩

carved stand 雕花底座

the circular stand 圆香几、圆墩、瓜棱墩

stand for bibelots and bronzes 古玩和铜器底座

stands of Early Buddhist statuary 须弥座、早期佛像底座

stands for candle with lantern 烛台

stands for flower-pot or wash-basin 矮花瓶架或脸盆架

tripod stand 三足香几

a standing case with doors 带门的立柜

streak 具条纹、条纹

the dark streaks of the wood 木材深色条纹

a reddish or purple-brown wood streaked with black 具黑色条纹的红色或紫褐色木材

streaking 条纹

a darker streaking 深色条纹

structure 构造、结构

the fixed structure 固定的结构

the high structure 高形家具

structural design 结构设计

spindle 轴、栅

straight spindle 直栅

slightly curved spindle 轻微弯曲的栅足

strip 压边条

a strip frame 压边框

swastika 万字纹

silhouette 轮廓

plain frontal silhouette 朴素的正面轮廓

a silhouetted apron 带轮廓线的牙板

stretcher 牙板、牙条、牙子

a system of stretchers 管脚枨

lateral stretcher 侧面牙子

style ……式、风格

the Han style 汉式

the T'ang style 唐式

the Sung style 宋式

the Yüan style 元式

the Ming style 明式

the classical Ming style 经典的明式

a Ch'ienlung or Chiach'ing style 乾隆或嘉庆风格

the style of the Six Dynasties 六朝风格

the Chinese architectural style 中国建筑风格

the restrained style 素朴的风格、严谨适度的风格

sunken 下陷的、凹的、下沉的

a sunken panel 落堂

a sunken panel of drawers 抽屉面落堂

sunken rectangular borderstrip 落堂起鼓

sub-species 亚种

substructure 下部结构

support（架几）支撑、支撑物、支架、支座

supporting frame 支撑框架

a single trestle support 单件架几

arm support 凭几

surface（木材）表面

a bright surface 表面光亮

intact surface 完整无损的表面

the polished surface 打磨后的表面

shrinkage 收缩

swelling 膨胀

to changes in temperature and moisture by shrinkage or swelling（红木）随着温度和湿度的变化而伸缩

T

table 桌、台

table top 桌面、案面

table descending 冰盘缘

dressing table 书桌、三屉桌、梳妆台

library table 画案、书案

the offering table 供桌

semicircular table 半圆桌、月牙桌

taste 品位、风气、风格、审美情趣

the plain old taste 简约古老的风格

artistic taste 艺术风气

a new order of taste 一种新的审美秩序

the taste of the day 时尚、潮流

changes of taste 风格（审美）的变化

individual taste 个人品位（爱好）

technique 技巧、技能、技艺、工艺、技术

a transformation 转型

tectonic 构造、结构

tectonic design 结构设计

tenon 榫头、榫舌、凸榫

tension 拉伸、对立、紧张、矛盾

tensile 拉力的、拉伸的、抗拉的

tensile quality（木材）拉伸特性

the tensile quality of the red sandalwood 紫檀木的拉伸特性

term 名称

generic term 通称

texture 木材肌理、木材纹理

tie 带、弯带、托带

caved tie 弯带

bent tie 弯带

timber 木材（经过初步加工的）

timber architecture 大木梁架结构

the timber of commerce 商品材、具有商业价值的木材

time 时期、时代

the transition time 转型期

the flourishing time （家具发展的）繁荣期、鼎盛时期

tint 色调、淡色彩

the rich dark tints 浓郁的深色

top 面心板、顶、上面、表面

the top-tie 横梁

the top-tie of timber architecture 大木梁架结构中的横梁

a top chest 顶箱、顶柜

top board 面心、面板

a detachable top board 可移动的面板

torri 鸟居、牌坊

a Japanese torii 日本鸟居

trace 遗迹、踪迹、渊源、痕迹、追溯、追踪

the surviving traces of the ancient panel openings 古代开光之遗留痕迹

to trace its pedigree 追踪其血统、追根溯源

tradition 传统

to preserve a sound tradition 保存完备的传统

an even more ancient tradition 更为古老的传统

a dying tradition 正在消失的传统

worn-out tradition 消失殆尽的传统

the traditional cusp and ogee pattern 传统的壶门形式

the traditional patten 传统形制、传统图案

the surviving traditions 仍保存的传统

the surviving traditions of the classical M'ing style 经典的明式家具仍保存的传统

treatment 处理

proper treatment 正常处理（指对家具的做旧处理）

trestle （放置案面等成对的）支架、条凳、架几

complete trestle table with a detachable top board 完整的带有可拆卸的案面板的架几案

the combination of splay-leg trestle benches with a detachable top board 一块可拆卸的面心和带侧脚的条凳组合

trestle table 架几案、翘头案、平头案、板足条几

trestle support 架几

tree 树林

hun-tou tree 红豆树

trousseau 嫁妆、妆奁

the bride's trousseau 新娘的妆奁

turning 旋制

    turning lathe 旋床

type 形式、制式、种类、类型

    the type of the low table 矮桌形式

    the original coffer type 早先的（原来的）橱柜形式

U

upright 直材、直棍

    bent upright 曲栅

    upright section 直材

    short propping upright 矮老

    separate upright 联帮棍

    a chair with upright back frame 椅子垂直的靠背（框架）

    the two parallel uprights 两根平行的直材

up-turned 翻卷的、翘起的

    the up-turned board end 翘头

    the up-turned edges 翘头

V

variety（植物的）不同种类、变种

    a great variety of hard woods 多种硬木

    indigenous and imported varieties 本土和进口木材

    the lighter coloured varieties 浅色木材

vein 纹理、条纹

    fine vein 精美的纹理

    vein age 纹脉

veneer 单板、薄片镶饰（家具）、贴皮、包镶

    bamboo veneer 竹簧

W

walnut 核桃木

wardrobe 衣柜、衣橱

    a compound wardrobe 顶箱柜

    the wardrobe sets of four 四件柜

warping 翘曲

wash-stand 面盆架

wax 蜡

    waxing 打蜡

    wax-polish 打蜡抛光、烫蜡打磨

western 西方的

    the western club-foot 西方马蹄足

    the western sitting posture 西方人的坐姿

the western mode of sitting 西式坐法

western metallurgy 西方冶金术

wood 木材（统称）

    black persimmon wood 黑柿木

    chicken-wing wood 鸡翅木

    wood-cut 木刻

    cabinet wood 家具用材（特指高档硬木）

    colonial wood 殖民地木材

    the most distinguished cabinet wood 最高贵的家具用材

    the solid wood 实木、整木

    to cut out of the solid wood 一木连做、一木整挖

    finished wood 处理好的木材

    wood of a different character 不同质地的木材

    coral wood 珊瑚木

    the spirit of the wood 木性

    the nature of the wood 木材的自然属性

    the natural beauty of the wood 木材自然之美

    seasoned wood 经过窑干的木材（经过气干、窑干或其他干燥方式而使其含水率达到一定规格的木材。正确的英文写法应为"seasoned timber"）

    soft wood 针叶材、软木、柴木

    the native soft wood 本土柴木

wooden 木制的

    wooden pin 木钉

    wooden nail 木钉

woodwork 木器、木工手艺

    early Chinese woodwork 早期中国木器

    the pure woodwork 纯粹的手工工艺

workmanship 手艺、技艺、工艺

    traditional workmanship 传统工艺

Y

yoke 搭脑、轭、轭状物

    a porter'yoke 挑夫的扁担

    the yoke rack 轭架、轭架结构

    the yoke construction 轭架结构

    the yoke table 轭形类桌（案）

译后赘语

　　《中国花梨家具图考》（下简称《图考》）是国际上第一部系统性研究中国古代家具的著作，特别以最珍贵的黄花梨明式（the Ming style）家具为研究对象，部分解释了中国古代家具发展的具体过程与渊源，家具的设计与构件的功能也有详细表述，既是中国古代家具史，也是艺术史中不可缺少的一个重要篇章。1944年《图考》英文版首次在北京出版，至今仍是西方及中国研究中国古代家具的经典与必读书。《图考》文字虽少，但体系庞杂，涉及的学科内容、专业知识不仅广博且极为冷僻、艰深，加之当时中国古代家具的名称、构件、工艺、用料等并没有一个标准的称谓或统一的说法，也由于植物分类学、木材学研究的局限性，中国古代家具所用木材多停留于经验识别而非科学检测，使得同一种木材有不同的多种别称或不同的木材共用一个名称的情况普遍存在。我想德国人艾克先生在用英文写作《图考》时亦遇到此问题，而我在八十年后的今天翻译该书也遇到同样的困难。

　　现就翻译中的一些问题说明如下：

　　原著"NOTE"一节中提到"rosewood for the huali and hungmu varieties"，即"玫瑰木包括花梨与红木的多个树种"。根据这一定义，《图考》中的"rosewood"一词必须根据上下文的描述对应译成"玫瑰木"、"花梨"或"硬木"。如在"ACKNOWLEDGMENTS"中所述邓以蛰教授北京家中陈设的明式"rosewood"，如果译成"黄花梨家具"肯定没有问题，但上下文并没有交代其特征，"the Ming style"也不代表"明朝家具"，故直译为"玫瑰木家具"，它可能是黄花梨、草花梨或老红木、酸枝木之一种。在论及铜活时有"plain old rosewood furniture"一说，此处应译为"简朴而古老的硬木家具"，此处并未谈到家具或木材的特征，也可能内含广义的硬木（hardwood）。在"手工工艺—装饰—年代测定"一节中的"rosewood"则译为"黄花梨"，因为讲到黄花梨的一个主要特征"the metallic gloss"。"rosewood"的内涵在西方木材学界也有不同的解读，其共同要点则是产于热带地区的材色红褐之硬木。

"家具用材"一节中开篇即"紫檀"，一般都认为紫檀木光滑、温润、质密，而海关出版物中的这段描述则让人不可琢磨："the wood is exceedingly hard and has a coarse,dense grain and a bright surface"，如果字面上直译，即"紫檀木极为粗糙……"，对于熟悉紫檀木材性的行家来说，这是绝对不能认同或无法理解的。紫檀木呈牛毛纹即绞丝纹者多，新切面或加工时易起倒茬、毛刺，易扎手，根据这一特点，将其译为"此木极为坚硬，新切粗拙，丝纹绵密……"。这样便于理解，不致直译而产生常识性错误。

"花梨"一节中反复提到"麝香木（musk-wood）"，有一句："This lead us to believe that the log was purposely left in the ground to undergo a maturing and discolouring process through humification, which might account for the pleasant odour and the rich dark tints of much of the older huali furniture"，其中最易译错的便是"a maturing and discolouring process through humification"。拙著《黄花黎》一书中对黄花黎[1]的"虫蚀过程"与"潮化过程"进行了具体的研究：

（1）虫蚀过程。黎人在采伐黄花黎原木后一般并不急于外运，第一是要看是否必须要换取生活必需品，第二是要看是否是换取生活必需品的最佳时期，第三，也是最重要的，新伐材湿重，外运极为困难，边材部分较大，所占分量也大，砍削起来十分困难。黄花黎边材部分为淡黄色无气味的软质部分，最受白蚁欢迎，白蚁会在很短的时间内（1—3年）将边材部分咬蚀，遇到有辛辣芳香而又坚硬的心材部分时自然地停止了咬蚀，可用的黄花黎心材部分就这样被保留了下来。这就是黄花黎的虫蚀过程。

1　周默著《黄花黎》（中华书局，2017年，第88页）认为海南岛产"黄花黎"名称的由来有三：第一，史籍中多处有"花黎"之称；第二，花黎皆产于黎山中，为中国海南岛黎族聚居地之特产；第三，区别于进口的豆科紫檀属花梨木类的树种。考虑到尊重艾克原文中原有的汉语称谓，《图考》译文中使用"黄花梨"，不作改变。

（2）潮化过程。虫蚀过程有可能是一年，也有可能是两年或三年。黎人也可能忘记了自己所采伐的黄花黎被置于何处。这样，黄花黎在虫蚀过程中或之后就总是置于山地，裸露于自然环境中。由于海南岛特有的雨热同季、旱凉同期季节的不断变换，虫蚀过后的黄花黎心材直接经过反复多次干燥、潮化，油质及芳香物质浸润全身，心材颜色变得深沉醇厚而均匀，玉质感更加鲜明。"潮化过程"在一些史籍中已有提及，只不过文字表述方式不同。如宋人赵汝适及叶廷珪均有述及。

我们从"虫蚀过程"与"潮化过程"中便可理解赵汝适"麝香木"的形成与概念，故将"humification"译为"天然潮化"（humification，被定义为"formation of or conversion into humus"），很显然"麝香木"并未"形成或转化为腐殖土"，而"humification"也有"湿化""潮化"之意，故此处译为"天然潮化"。"a maturing and discolouring process"，依"潮化过程"之原理，即稳定材性、变换材色之"醇化过程"。

以上例子很明晰地解释了《图考》英译中的一些原则，即必须了解木材之材性与家具之渊源、特征，不然会出一些常识性的硬伤。

王世襄认为《图考》有一些家具的年代确定有问题，材质定性不准，有一些家具是仿旧的或有明显修补、构件替换的情况而未被艾克先生发现或纠正。在此，仅举一例："1949 年前木器店往往把铁力家具说成是鹨鶒木家具，以求善价。法国人魏智，1949 年前在北京饭店开设外文书店，有铁力大画案长期放在店中陈置图书。艾克《中国花梨家具图考》收录此案（见该书图版 54、55），并标明为鹨鶒木，可见魏智、艾克、杨耀三人都没有辨认出大画案的木质为铁力，而误认为是鹨鶒木。实际上，铁力木质糙纹粗，鬃眼显著，和鹨鶒木不难分辨。就是从《图考》图版 54 的该案特写图，也完全能看出它是铁力木而非鹨鶒木。铁力木学名 *Mesua ferrea*。陈氏《分类学》称：'大常绿乔木，树干直立，高可十余丈，直径达丈许。……原产东印度。据《广西通志》载，该省容县及藤县亦有之。材质坚硬耐久，心材暗红色，髓线细美，在热带多用于建筑，广东有用为制造桌椅等家具，极经久耐用。'所云和明及清前期家具所用的铁力木完全吻合。"[1]

《图考》件 41（版 54、55）之材质为"chi-ch'ih-mu"即"鸡翅木"，并非《明

1　王世襄编著：《明式家具研究》，生活·读书·新知三联书店，2007 年，第 293 页。

式家具研究》所述"鸂鶒木",二者之概念并不完全等同。"鸂鶒木"之提法较早,以红豆属树种为主或包括决明属(Senna)之铁刀木(Senna siamea)。"鸡翅木"之名称出现于明末清初,此时"鸡翅木"的概念与内涵可能等同于"鸂鶒木",清末、民国直至今日的"鸡翅木"多指产于缅甸及东南亚、南亚的崖豆属(Millettia)树种,如"白花崖豆木"(Millettia leucantha),或包括近几十年从非洲进口的"非洲崖豆木"(M. laurenttia),而不包括红豆属树种。

《明式家具研究》将件41之木材定为铁力木(Mesua ferrea),隶藤黄科(Guttiferae)铁力木属(Mesua)。实际上铁力木原产地在缅甸,而不在中国。历史文献中"铁力木"又名铁栗、铁棱、铁木、石盐木、东京木、潮木,隶苏木科(Caesalpiniaceae)格木属(Erythrophleum),中文名为"格木"(Erythrophleum fordii)。

如果件41确定其木材为文献中所称"铁力木",则其正解名称应为"格木",即"格木夹头榫大画案",不能写成"铁力木"或"鸡翅木""鸂鶒木"。《明式家具研究》拟纠正《图考》有关树种名称之错误,反而落入了历史上误解之窠臼。

件95、96所用木材为"Persian pine",拉丁名Persea nanmu,直译则为"波斯松",根据植物学家的研究与甄别,应为今之"楠木",在"名词解释"中已有详尽说明。

这些例子同样揭示一个道理:《图考》的翻译,除了须准确无误地研读古代文献外,还需对于每一件家具的用材特征及每一种木材名称的变化与植物学科学名称一一对应,只有这样翻译才是正确的,除此,别无他法。

家具名称,如"stand""table""side table""bamboo style""a bottom frame""the bottom frame",均有一种以上的不同名称解读,必须与家具原图对照、比较才能得出正确的结论,如果仅从英语原意直译,则无人能懂究竟在说什么。

本书中提到的中国前辈学者杨耀、胡先骕、唐燿、陈焕镛,曾为中国古代家具的研究开拓、铺路,特别是杨耀教授对明式家具的科学实测、绘图,不仅为我们留下了宝贵的研究实料,也提供了古代家具科学研究的经验与方法。胡先骕、唐燿、陈焕镛均为植物学或木材学研究领域的大家,科学检测古代家具所用木材以确定其科属及原产地,这一研究方法仍是今天家具研究不可忽视的必要手段。如何将这些了不起的学术成就不离本意地表达出来,其难度不亚于开篇新作。

翻译《图考》,我利用了当今已有的、丰富的学术成果,也倾尽毕生所学,尚觉不够饱满。在翻译的过程中，虽反复修改、琢磨，仍有一些不够准确、不够优雅的地方，也还有一些段落需要深入推敲、研究。这一不能停顿的、向前移动的过程也许将相伴一生。在翻译原著之后增加了关于中国古代家具的专有名词中英文对照表，以期能方便读者、学者们检索、查阅；对原著中提及的人名做了一些简单介绍，从中可以更深入地了解艾克研究中国古代家具的背景与资源；中国古代家具的专业名词，尤其是家具部件的名称可能对于不了解中国传统家具的读者会显得生僻而陌生，故不免赘语连篇，对部分专有名词作了简释；附一篇简短论文《不知近水花先发》，阐述了《图考》研究的几个问题并对原著图版中的家具名称、简介做了一些属于个人见地的注释，如有不妥，还期读者指正。

最初萌生翻译《图考》的想法是应艾克夫人曾幼荷（又名佑和）女士之请。2006年3月，曾女士本想将《图考》中的七件家具在香港拍卖，当时能拍到三千万元人民币左右，但她更希望这些家具能留在中国。几经辗转，协助曾女士联系了北京恭王府，最终这七件家具成为恭王府永久收藏之重要藏品。在协助曾女士整理资料、冲洗胶卷等工作的过程中，曾女士将1971年艾克先生去世时夏威夷大学校长的讲话稿交与我，并希望也将艾克先生的手稿及资料交给我，条件是希望我能将艾克先生一生所集之三百多件家具的下落做调查及资料整理后编写成册，同时重新翻译《图考》。当时艾克先生收集之家具已散落在英国、美国、瑞典、中国等地的博物馆和私人收藏家手中。后因发生变故，手稿最终下落不明。艾克先生大量的手稿及资料中，有很多关于中国古代家具研究的成果及研究线索，从未发表，如能整理出来，将是对《图考》重要的补充。无奈，我只能怀抱遗憾重新翻译《图考》。但翻译《图考》是艰难的，迟迟不敢动笔，仅在十多年前发表过一篇不成熟的小文章，试着纠正《图考》的一些错误翻译。近年来，在恩师朱良志教授的鼓励下方提起笔，有老师的支持，心里更踏实了。老师说这本书在艺术史上特别是家具艺术史中具有很重要的地位，如能准确译出意义重大。

柏松先生不远千里寄来珍贵的1944年原版《中国花梨家具图考》，对于高质量完成本书的翻译、出版提供了保障。本书翻译之初专门听取了清华大学陈增弼教授之子陈风先生的具体建议。生活书店的曾诚老师联系到杨耀教授的后人杨坚先生，授权本书使用杨耀先生绘制的实测图，且杨坚先生及家人非常支持《图考》的新译，慨允无偿授权。杨耀教授为艾克的学生，陈增弼教授又是杨耀的学生。没有一代一代学人的薪火相传，中国古代家具的学术研究不可能延续至今。本书的新译也是对这些前辈的致敬。

我的多本书书名的题写均出自北京大学的徐天进教授。当时，徐老师正在浙江安吉的考古工地，《中国花梨家具图考》书名之八个字徐教授书写了数十遍，其实每一幅我都非常喜欢，书体与空灵、雅秀、高逸的明式家具已浑然一体。

小弟周统，在古典家具设计与工艺方面都是经验丰富的专家，译文中涉及工艺、结构方面的问题，我均向他请教并与其反复讨论，每次总能得到明晰的回答与结论。如藤编方法与软屉结构，原书叙述上存在技术性失误，我们将错误纠正后再用汉语表达，不致误导读者。

感谢生活书店的曾诚老师、欧阳帆老师，他们丰富的出版经验让此书更加周备，他们花大量的时间了解我所做的研究内容、方式与方法，倾听我与森林、木材、家具的故事，然后对成书的体例、风格等做出规划。在他们的身上我看到中国出版人的专业精神，让人动容。崔憶老师，作为本书的第一个参与者向我提出了很多我没想到的思路与建议。《绪论》开头勒内·格鲁塞的一段法语，由远在意大利的语言天才郦丹女史所译。在此一并感谢。

行文至此，不免回想起多次在渺无人迹的原始森林中看到的景象：枯树或立或伏，叶尽、皮摧，其身躯布满苔藓，不知名的小花从它的身下探出头来，周围的树木青翠苍隆，攀缘植物依附其上，蝴蝶在此逗留，昆虫以此为家——它为其他生物创造了更广阔的生存空间！

中国古代家具研究能成为一门独立的学问，始于艾克先生及其《中国花梨家具图考》，这一说法想必并不为过。想来今日能新译《图考》，必应起立致敬前辈，无论艾克，还是《图考》中提到的邓以蛰、杨宗翰、胡先骕、陈焕镛、唐耀、杨耀，这些学术巨匠，树冠笼盖，枝繁叶茂，泽被后学，他们为我辈研究中国古代家具发展史开创了途径。

沿着艾克先生这一部《图考》，我试着进入他的研究体系，不断提出疑问再追踪答案，也只是顺着前人的智慧源泉，抵达无岸之岸。无论如何，我将带着"明月写敷荣"的心境进入我新的研究中。

周默

2023 年 7 月 16 日